AF377799

DES
PLANTES DE SERRE FROIDE.

La Monographie et Culture du genre Fuchsia, par M. F. P.,
président de la Société d'Horticulture d'Orléans, annoncée comme
devant terminer le présent ouvrage, a été publiée séparément,
1 vol. in-12, 1 fr.

PARIS. — IMPRIMERIE DE FAIN ET THUNOT,
Rue Racine, 28, près de l'Odéon.

DES GENRES

CAMELLIA, RHODODENDRUM,

AZALEA, ACACIA, EPACRIS, ERICA,

ET DES

PLANTES DE SERRE FROIDE EN GÉNÉRAL,

HISTOIRE ET CULTURE;

PAR M. CH. LEMAIRE,

Ancien professeur d'humanités de l'Université de France, rédacteur en chef de l'Herbier général de l'amateur, du Bulletin du Cercle général d'horticulture, membre de la Société royale d'horticulture de Paris, etc.; correspondant (honoraire) des Sociétés d'horticulture du Havre, de Nancy, de Meaux, d'Orléans, du Comice horticole de Maine-et-Loire, de la Société d'agriculture, sciences et arts de la Marne, d'agriculture de Saint-Omer, d'horticulture de Malines, royale d'agriculture et de botanique de Gand, etc.

AVEC LA COLLABORATION,

Pour les articles Camellia, Rhododendrum et Azalea,

DE M. PAILLET,

Horticulteur, membre des Sociétés d'Horticulture de Paris, etc.

———— ◦◦◦ ————

PARIS,

AUDOT, ÉDITEUR DU BON JARDINIER,

RUE DU PAON, 8, ÉCOLE DE MÉDECINE.

1844

AVANT-PROPOS.

———

Traiter de la culture des *rhododendrum,* des *azalea,* des *epacris,* des *acacia,* des *erica,* des *camellia,* etc., c'est traiter de ces splendides, de ces élégants végétaux qui peuplent nos serres tempérées, et qui, lorsque la bise gronde à nos portes bien hermétiquement closes, lorsque les frimas désolent encore la terre nue, épanouissent à l'envi, dans les légers temples que nous élevons à Flore, leurs gracieuses fleurs, dont la vue réjouit notre âme et lui fait goûter toutes les jouissances du printemps, dont les parfums récréent si souvent notre odorat. Mais si le sujet est attrayant, si ses charmes reposent agréablement l'esprit de l'écrivain, les difficultés sans nombre, les difficultés réelles qu'il présente, doivent effrayer celui-ci et lui faire toucher du doigt *les épines que cachent les roses,* dont le gracieux aspect l'avait si aisément séduit.

Aussi, écrire sur cette matière, c'est ouvrir une route nouvelle, inconnue pour ainsi dire, une route dans laquelle nul astre ami ne viendra guider les pas indécis de l'auteur, où nul phare bienfaisant ne luira

1

à l'horizon pour lui indiquer le point vers lequel il devra diriger son esquif. Mais laissons le langage figuré, dont le ton, un peu prétentieux peut-être, ne s'accorderait pas avec la gravité de la matière sur laquelle notre plume doit s'exercer.

Rien, en effet, de complet, de général, n'a été écrit encore sur la culture des plantes de serre froide. Bien que les ouvrages d'horticulture contiennent çà et là des notes spéciales sur ce sujet, à l'égard de tel ou tel genre de végétaux, ces notes, disséminées dans plusieurs centaines de volumes, restent souvent inconnues et ne sauraient être rassemblées, consultées avec fruit, en raison même de leur éparpillement, et surtout du laps de temps considérable que demanderait la réunion de tous ces documents. De plus, ces notes écrites sous des points de vue divers et souvent erronés, induiraient infailliblement en erreur l'auteur inexpérimenté qui en voudrait tirer des conséquences nettes et précises, pour asseoir un système général de culture approprié aux plantes dont il doit être question.

Un lecteur impartial appréciera donc, en présence de ces faits, notre incontestable pénurie de documents rationnels et spéciaux, toutes les difficultés dont notre sujet se trouve hérissé, et nous octroiera d'autant plus facilement l'indulgence que nous sollicitons de lui, qu'il verra que nous sommes à peu près réduit à notre simple savoir, à notre propre expérience, pour traiter rationnellement et convenablement de la culture des plantes qu'il affectionne. Dans cette entreprise, un espoir nous encourage et fait notre force : l'espoir d'être utile, l'espoir de mettre un amateur novice à même de cultiver lui-même, de ses propres mains, ou au moins de diriger avec connaissance de cause, l'éducation des espèces des beaux genres dont l'énumération est en titre de cet opuscule.

Cette éducation, si attrayante en elle-même, qui chaque jour, chaque semaine apporte ses plaisirs, toujours nouveaux ou toujours renaissants, cette éducation, disons-nous, n'entraîne avec elle aucun trouble, aucun souci ; elle est, à volonté, étendue ou limitée, économique ou dispendieuse. Depuis le millionnaire jusqu'au petit rentier, depuis le ministre jusqu'au simple employé, chacun peut, selon ses moyens et ses occupations, consacrer une faible portion de son temps et quelques économies, ou un peu de son superflu, à former une collection de plantes dont l'étendue sera nécessairement proportionnée à sa fortune. Les uns, au sein de leur modeste serre, contemplant les charmantes plantes qu'ils y auront rassemblées, en scrutant chaque jour les progrès de leur développement, en épiant l'instant où leurs fleurs devront s'épanouir et récompenser leurs soins assidus, sentiront moins lourd le fardeau de leur travail quotidien ou le poids de leurs peines domestiques ; les autres, au milieu du temple fastueux ou élégant que leur luxe ou leur bon goût leur auront fait construire, viendront déposer l'ennui des richesses, l'embarras des honneurs, pour retremper leur âme affadie et rassasiée, au sein d'une nature toujours jeune, toujours vigoureuse, toujours florissante ; le port gracieux ou bizarre des arbres, l'élégance des feuilles toujours verdoyantes, leur extrême diversité de formes et de nuances de coloris, le parfum des fleurs, ce spectacle ravissant, ce panorama toujours varié, impressionneront profondément ces hommes et calmeront leurs passions. La vue des fleurs et surtout leur culte agrandit l'âme et la rend meilleure. Flore est essentiellement moraliste ; mais la plus aimable et la plus fraîche des déesses ne prodigue pas ses faveurs qu'aux hommes !

Quel pinceau pourrait colorier un tableau plus riant, quel poëte pourrait décrire une scène plus aimable que la présence d'une jeune femme du monde, gracieuse et légère, au milieu des fleurs et de la verdure ? L'imagination, avec délices, se la peint armant ses doigts délicats et rosés des instruments acérés de l'horticulteur ; puis, taillant, émondant çà et là, tranchant un rameau disgracieux ou mutilé, palissant une branche rebelle ; puis, bientôt puisant par une pompe légère, au sein d'un bassin ombragé de *papyrus*, à demi couvert de *nymphæa*, de *villarsia*, d'*aponogeton*, fleurs aux suaves parfums, une eau limpide qu'elle lancera en jets multiples et pressés sur les arbrisseaux qui l'entourent. Il nous semble voir cette eau retomber en perles brillantes, entendre le bruit de leur chute sur les vertes feuilles qu'elles couvrent comme d'une fine rosée. Maintenant, qu'un gai rayon d'un soleil d'avril vienne animer et dorer la scène; dites si la fable, dans ses descriptions les plus poétiques, a jamais évoqué dans votre esprit une plus enchanteresse nymphe, se jouant dans les bois enchantés de Paphos ou de Cythérée? Cultivez des fleurs, Mesdames; au milieu d'elles votre beauté sera plus touchante, vos grâces plus attrayantes !

DES SERRES. — LEUR UTILITÉ.

Déjà, dans de précédents écrits, nous avons cherché, à diverses reprises, à peindre l'effet grandiose, l'aspect charmant que présenterait une grande serre attenante à un salon du grand monde, et peuplée de hauts végétaux exotiques de toute espèce. Nous avons dit quels avantages elle présenterait; quelle source de jouissances pour eux jusqu'alors inconnue, les gens riches se créeraient, dotant leurs somptueuses demeures d'une de ces constructions auxquelles on donne avec raison le nom de Jardin d'hiver. Dans la séance publique qui termina l'exposition des produits horticoles, faite par les soins du Cercle général d'horticulture, nous avons essayé, déjà, de décrire un jardin d'hiver [1], et, au risque de nous répéter, nous citerons ce passage :

« Ah ! l'on ne sait point assez, dans les hautes régions de notre société moderne, quels trésors immenses de plaisirs sans cesse renaissants, toujours nouveaux, toujours purs, toujours vrais, se trouvent dans un jardin habilement dirigé ! Oui, puissants du jour, les somptuosités de vos palais, la magnificence de vos salons, l'éclat de vos fêtes, vos brillants bals, n'égalent pas l'aspect féerique des milliers de fleurs diverses qui diaprent un parterre, l'aspect grandiose et majestueux des palmiers, des bananiers, des grands végétaux de toutes sortes, orgueil légitime de nos serres ; et sachez-le, cependant, la création d'un jardin, l'érection d'une serre et les végétaux qu'elle doit contenir, tout cela coûte souvent bien moins qu'un seul de vos raouts, une seule de vos soirées !

» N'est-ce pas vraiment une chose grande et belle, que de réunir dans un étroit local des végétaux qui naissent aux points les plus éloignés du globe, les uns sur les montagnes, les autres dans les vallées ; ceux-ci en parasites sur les arbres, ceux-là dans les eaux de la baie d'Hudson, au cap Horn ; de l'Atlas, au cap de Bonne-Espérance ; de l'Yémen, au Japon ;

---

[1] *Bulletin du Cercle gén. d'hort.*, septembre 1843.

du Thibet, au cap Sud; enfin, dans ces myriades d'îles semées en groupe dans l'océan Pacifique? N'est-il pas intéressant de voir toutes ces plantes, si diverses d'habitude et de forme, croître et fleurir sous vos yeux? N'est-ce pas une chose bien douce, quand les frimas couvrent et désolent la terre, quand la neige tourbillonne et frappe vos vitres, quand la gelée sévit au dehors et arrête le cours de vos rivières, que de venir dilater vos poumons dans la suave et tiède atmosphère d'une serre chaude; que de respirer les parfums qu'exhalent alors de toutes parts les orchidées des Tropiques, les liliacées de l'Inde et du Cap; que de voir se balancer sur vos têtes les panaches des palmiers, les vastes feuilles des bananiers? Oh! je le vois avec bonheur, les images que j'évoque prennent un corps à vos yeux, vous les voyez aussi. Puissent ces images vous impressionner assez pour vous inspirer le goût des fleurs, le goût de leur culture, et croyez que cette douce occupation sera un accroissement, une variation incessante de plaisirs; si vous souffrez, un allégement à vos maux, un port après la tempête. »

M. Eugène Sue, avec cette palette savante, cette touche vigoureuse qui caractérisent à un si haut point cet écrivain distingué, vient, dans un admirable roman (*les Mystères de Paris*), de traiter le même sujet; et, pour notre part, nous sommes heureux de nous être rencontré avec un si bon esprit.

Dans un charmant épisode de ce roman, nous devrions dire de ce tableau fidèle et gracieux à la fois, mais hideux, mais frappant de vérité de notre société moderne, avec quel intérêt ne suit-on pas le prince Rodolphe, tenant sous le sien le bras de l'ambassadrice, et venant se promener dans un ravissant jardin d'hiver. Nous voudrions pouvoir transcrire ici ces magnifiques pages, mais l'action qui en fait l'essence perdrait trop à la citation ; nous redirons seulement l'appréciation que fait l'auteur lui-même d'un tel jardin, appréciation dont l'harmonieux contraste sera goûté de tous nos lecteurs.

« Vue du fond de ce jardin d'hiver où étaient dis-
» posés d'immenses divans sous un dôme de feuillage
» et de fleurs, la galerie offrait un contraste inverse
» avec la douce obscurité de la serre. C'était au loin
» une espèce de brume lumineuse, dorée, au milieu
» de laquelle étincelaient, miroitaient, comme une
» broderie vivante, les couleurs éclatantes et variées
» des robes de femmes et la scintillation prismatique
» des pierreries et des diamants.

» Les sons de l'orchestre, affaiblis par la distance
» et par le sourd et joyeux bourdonnement de la ga-
» lerie, venaient mélodieusement mourir dans le feuil-
» lage immobile des grands arbres..... Involontaire-
» ment on parlait à voix basse dans ce jardin ; l'air à
» la fois léger, tiède et embaumé des mille suaves
» senteurs des plantes aromatiques qu'on y respirait,

» le bruit vague et lointain de l'orchestre, jetaient
» tous les sens dans une molle et douce quiétude.
» Certes, deux amants nouvellement épris et heu-
» reux, assis sur la soie dans quelque coin ombreux
» de cet Éden, enivrés d'amour, d'harmonie et de
» parfum, ne pouvaient trouver pour leur félicité un
» cadre plus enchanteur. »

Cette courte citation résume parfaitement, selon
nous, toute la question, et peut donner aux gens
du monde une idée exacte des jouissances matérielles
(ou intellectuelles, le choix de l'épithète leur appartient) qu'ils peuvent goûter dans un jardin d'hiver
annexé à leur appartement.

Toutefois, une distinction essentielle est ici à faire.
Dans les deux passages que nous avons cités, il s'agit
de la création d'une serre chaude, et le sujet que
nous traitons spécialement dans cet écrit est la création d'une serre tellement tempérée, que les horticulteurs la désignent sous le nom de *serre froide;*
chose fort différente, mais dont l'objet est le même,
c'est-à-dire la jouissance des végétaux exotiques réunis dans un certain espace.

Il est, dans tous les cas, très-facile de réunir les
deux serres sous une toiture commune et de les séparer par des vitrages. Dans l'une on cultiverait en
massifs les végétaux des Tropiques et de la Ligne,
c'est-à-dire de l'Inde, du Brésil, du Sénégal, etc., etc.;
dans l'autre les végétaux d'en deçà des Tropiques,

tels que ceux du Cap, de la Chine, du Japon, de la Nouvelle-Hollande, de la Nouvelle-Zélande, etc., etc.

Ainsi donc, selon le goût et la fortune du propriétaire, ces deux sortes de jardins d'hiver peuvent exister ensemble ou séparément [1]. Mais abordons notre sujet.

Bien que notre plan, en écrivant ce livre, soit de ne traiter que de la culture spéciale de certaines plantes, nous avons cru devoir, dans l'intérêt de l'horticulture et des amateurs, dire quelques mots d'un jardin d'hiver, par cette raison surtout que les plantes dont nous allons nous occuper forment une partie considérable de celles qui doivent le peupler.

Essayons donc de donner à nos lecteurs une idée exacte d'un tel jardin, construit dans des proportions modérées et sur les meilleures données de comfort et d'hygiène appropriées aux hommes et aux plantes. Pour mieux nous entendre, nous allons l'ériger avec eux.

[1] L'entretien d'un double jardin d'hiver, c'est-à-dire chaud et tempéré, serait d'autant moins dispendieux que le *trop plein* de la chaleur du premier servirait, en partie, pour tenir l'atmosphère du second au degré de température convenable. Il va sans dire que la dépense en combustible pour le chauffage d'un seul jardin, et surtout d'un jardin tempéré comme celui convenable aux *rhododendrum*, etc., serait peu considérable.

CONSTRUCTION D'UN JARDIN D'HIVER.

—

L'érection d'un jardin d'hiver (serre froide) peut avoir lieu à la suite d'un appartement au rez-de-chaussée, d'une galerie quelconque, et surtout d'une salle de billard [1]. Il est essentiel, si l'on donne à cette construction la forme d'un parallélogramme (et cette forme, quoique la plus ordinaire, fait un effet moins gracieux que celle ronde ou carrée), que l'une des extrémités soit tournée au midi et que l'autre s'appuie sur le mur même du bâtiment de l'habitation, de façon à ce que les faces latérales reçoivent le soleil à son lever et lors de son coucher. Une telle serre, faisant face par l'un de ses côtés au soleil de midi, et par l'autre au nord, verrait incessamment les plantes qu'elle contient brûlées par les ardeurs dévorantes du soleil d'été, et glacées par les rigueurs des gelées hibernales. Si l'on adopte la forme carrée, il faut la disposer de manière à ce que l'un des angles soit exactement opposé au soleil de midi. Si la disposi-

---

[1] Dans le cas du voisinage d'une salle de bal, un jardin d'hiver en serre chaude serait préférable afin de ne pas éprouver une transition trop brusque de température en passant de l'une dans l'autre; or, une serre tempérée ou plutôt froide, comme celle qui nous occupe, serait trop saisissante comparativement.

tion des lieux ne le permettait, on peut modifier le plan et le faire hexagone ou même octogone; la serre n'en serait que plus gracieuse, les aménagements de l'intérieur en seraient nécessairement mieux entendus, les plantations en massifs plus pittoresques et d'une coordination plus facile.

Si l'on veut laisser atteindre aux végétaux, dont on se propose de planter un jardin d'hiver, un développement qui rappelle jusqu'à un certain point leur pays natal, l'élévation totale d'un bâtiment parallélogramme de ce genre ne peut guère être, au point culminant, moindre de 6 à 8 mètres, sa longueur de 30 à 40, sa largeur de 8 à 10; s'il est rond ou polygone, le rayon doit mesurer environ 12 à 15 mètres, c'est-à-dire qu'il doit avoir 24 ou 30 mètres de diamètre, sur une hauteur proportionnée.

Il doit être monté sur un petit mur à hauteur d'appui, construit en moellons et terminé en dalles saillantes extérieurement. On préférera avec raison le bois au fer pour en former les châssis. En effet, bien que sous le rapport de l'élégance et de la solidité, le fer doive l'emporter sur le bois, néanmoins sa dilatation en été, son retrait considérable en hiver, sa trop grande conductibilité du calorique, son refroidissement presque instantané, les imprégnations oxydes dont s'imbibent les gouttelettes aqueuses qui s'y déposent continuellement à l'intérieur et qui, en retombant sur les feuillages, les tachent d'une manière indélébile, sont les principaux inconvénients qui doivent décider le constructeur à rejeter ce métal, malgré la grâce, la légèreté que son emploi permettrait de donner au bâtiment, et la somme plus grande de lumière qu'il permettrait d'admettre. Toutefois, les principaux montants, les arcs-boutants, les colonnettes qui doivent soutenir le faîte, peuvent être en fer fondu, pour déguiser la disgracieuse épaisseur des énormes pièces de bois qu'il faudrait employer dans l'autre cas.

Les châssis qui revêtent la serre doivent être placés de façon à pouvoir être facilement démontés en été, remontés en peu de temps en hiver ou au besoin; c'est-à-dire si des froids survenaient qu'on avait pu croire définitivement cessés. La plupart de ces châssis, soit ceux du toit, soit ceux des côtés, s'ouvriront par leur partie inférieure au moyen d'une crémaillère en fer, graduée par des crans, de manière à admettre une quantité déterminée d'air extérieur. En général, leurs dimensions peuvent être réglées ainsi : 2 mètres de longueur, 1 de largeur. Les bois dans lesquels ils seront taillés doivent être parfaitement sains (sans nœuds et sans aubier), secs (avoir plusieurs années de magasin); les montants n'auront pas moins de 6 centimètres d'épaisseur sur une largeur de 8.

Nous supposerons notre jardin d'hiver entièrement achevé, quant à sa construction (et pour cela on a dû s'entourer d'ouvriers consciencieux et habiles).

PLANTATION D'UN JARDIN D'HIVER. — CHAUFFAGE.

Il s'agit de le planter. Le mois d'octobre est arrivé, c'est l'époque la plus favorable. Ici, tout dépend du goût du propriétaire ou du conducteur des travaux, si le premier lui en a abandonné la direction. Des massifs seront jetés çà et là, de manière à créer des contrastes, des effets pittoresques, et, dans ce but, des mouvements de terrain pourront ajouter à l'illusion. Des allées sinueuses permettront de tourner à l'entour d'eux et d'en contempler les effets [1]. Ils seront composés, au centre, d'*eucalyptus*, de *myrtus*, d'*acacia*, de *magnolia*, de *tristania*, de *grevillea*, de *banksia*, de citronniers, d'orangers, d'*eugenia*, de *leptospermum*, etc.; des *camellia*, des *laurus*, des *dryandra*, des *protea*, des *hakea*, des *melaleuca*, des *nerium*, quelques palmiers, tels que le *phœnix dactylifera*, le *corypha australis*, les *chamœdorea*, etc.; plusieurs *zamia*, tels que le *pungens*, l'*horrida*, etc.; de grands arbres verts, tels que des *araucaria*, des *dacrydium*, des *podocarpus*, etc.; on groupera à l'entour des *beckea*, des *boronia*, des *lomatia*, des *hovea*, des *gompholobium*, des *illicium*, des *lantana*, des

---

[1] On peut consulter à ce sujet l'*Art de construire et de gouverner les serres*, par M. NEUMANN, où l'on a décrit plusieurs jardins d'hiver et entre autres celui de S. G. le duc de Devonshire, à Chathworth, en Angleterre. (*Note de l'éditeur.*)

fuchsia, des *cestrum*, des *cistus*, des *correa*, des *daphne*, des *pittosporum*, des *epacris*, des *erica*, des *chorizema*, des *phylica*, des *pimelea*, des *pultenea*, des *diosma*, etc., etc. On formera des massifs particuliers de *rhododendrum*, d'*azalea indica*. Dans la partie la plus sèche, celle qui fera face au soleil de midi, on pourra construire un élégant rocher, dans tous les interstices duquel on plantera des plantes grasses de toute espèce, telles que des *kleinia*, des *stapelia*, des *aloë*, des *agave*, des *mesembryanthemum*, des *cereus* rampants ou élevés, certains *echinocactus*, des *epiphyllum*, quelques mamillaires ; toutes ces plantes feraient merveilles. Sous ce rocher, du côté opposé à celui sur lequel darderaient les rayons du soleil de midi, on ménagerait une voûte et un bassin, dans les ondes duquel se joueraient diverses espèces de poissons, et végéteraient à l'envi les *nymphæa odorata*, *cærulea*, *rubra*, etc., les *aponogetum distachyon* et *angustifolium*, la *thalia dealbata*, les *papyrus antiquorum*, la *strelitzia reginæ*, la *richardia æthiopica*, etc., etc. A l'entour de ce bassin pourront croître, par touffes, d'élégantes graminées, de gracieuses fougères, etc. A l'aide d'un mécanisme peu dispendieux, l'eau pourrait être amenée dans la serre, de manière à tomber en cascades du haut du rocher dans le bassin, dont le trop plein formerait ensuite un ruisseau d'eau vive, peuplé également de poissons, et courant par de gracieux détours à travers les massifs, pour aller ensuite se perdre où il appartiendrait.

Sur les bords du ruisseau, sur le devant des massifs croîtraient mille sortes de plantes vivaces ou suffrutescentes, des *lobelia*, des *lilium*, des *arthropodium*, des *dianella*, des *cyclamen*, des *gentiana*, des *dianthus*, des *digitalis*, des *lachenalia*, des *hœmanthus*, des *amaryllis*, des orchidées terrestres, des *gesneria*, etc., etc., des fougères, des lycopodes, etc.

Le long des montants de la serre, autour des colonnettes, s'enlaceraient comme autant de guirlandes, des passiflores, des aristoloches, des glycines, des kennédyes, des *hardenbergia*, des *clématites*, des *hibbertia*, des *lonicera*, des *lophospermum*, des *ipomœa*, des *bignonia*, etc., etc., des rosiers grimpants, des jasmins, etc., etc. ; çà et là des statues posées dans des retraits ménagés avec goût dans la verdure, ajouteraient un charme de plus, une véritable splendeur à un endroit déjà si délicieux, et dans l'air voltigeraient dans de grandes volières, s'ébattraient une foule d'oiseaux chanteurs des deux continents, dont les chants harmonieux et les robes diaprées de vives couleurs enchanteraient la vue, l'ouïe, tandis que l'odorat à son tour serait récréé par les suaves émanations d'une riante verdure et des parfums pénétrants des fleurs.

Telle est la manière dont nous comprenons un jardin d'hiver. On conçoit facilement que nous n'avons qu'effleuré un sujet si charmant; mais quelque incomplet que soit ce tableau, il peut suffire pour donner une idée de ce qu'un tel jardin peut devenir entre les mains d'un homme de goût, auquel a souri la plus inconstante des déesses, celle que les anciens mythologues nous ont représentée les yeux bandés, des ailes aux pieds, dont l'un est posé sur une roue tournant avec vitesse, et l'autre en l'air.

On concevra également sans peine que tous ces végétaux de climats si divers, si différents entre eux de formes et d'habitudes, devront être groupés d'après leurs affinités, et selon les régions d'où ils sont originaires. Les situations diverses aux quatre points cardinaux, les mouvements du terrain opérés en collines et en vallons dans un grand jardin d'hiver faciliteront jusqu'à un certain point la répartition et le groupement des plantes selon leur patrie, leur habitat, et leurs habitudes particulières.

Mais avant de terminer cet intéressant sujet, et bien que nous devions en traiter plus loin avec tous les détails convenables, nous ne devons pas passer outre sans dire ici quelques mots du sol et du mode de chauffage à employer, pour maintenir dans un aussi grand vaisseau, une température d'au moins 5 degrés, pendant les plus grands froids.

Le sol du jardin devra être défoncé à plus d'un mètre de profondeur. Le sous-sol sera formé d'une couche de gravats et de gros sable de rivière. Les

terres, si elles sont bonnes, seront passées simplement à la claie et disposées, comme nous l'avons dit
plus haut, de manière à former des accidents de terrain. En général elles seront revêtues, dans certains
massifs, d'une couche de terre de bruyère sableuse,
dont la profondeur variera selon le développement
radical des plantes qu'on voudra y faire croître et
dont on renouvellera la surface de temps en temps,
au fur et à mesure de son épuisement : résultat infail-
lible des arrosements manuels. Dans l'intérieur des
grands massifs, pour la plantation des *magnolia*, des
acacia, des *eucalyptus*, etc., la couche de terre de
bruyère devra jauger une profondeur d'un mètre au
moins; pour la plantation de certains végétaux, les
palmiers, les *zamia*, etc., le sol naturel sera mélangé
par parties égales avec de la terre de bruyère, de
la terre franche et du terreau de couche bien con-
sommé.

On entretiendra sur le sol une propreté extrême,
une légère humidité au moyen d'arrosements. Chaque
fois que la température le permettra, on bassinera
amplement les feuilles au moyen de seringages ré-
pétés et jetés aussi haut que possible, afin que l'eau
lancée par le piston retombe en pluie légère.

Pour connaître plus en détail les soins continuels
que demande un jardin d'hiver, nous renvoyons nos
lecteurs aux serres et au conservatoire dont il sera
question dans le courant de cet ouvrage.

On conçoit que le chauffage est dans une serre semblable le point capital, la pierre fondamentale. Aussi le choix et la disposition d'un appareil sont-ils de la plus haute importance pour la santé des plantes et le bien-être des personnes qui fréquentent la serre.

Après de mûres réflexions, après l'étude comparative que nous avons faite des deux systèmes de chauffage qui se disputent la prééminence, l'un par la circulation de l'eau chaude ou *hydrotherme*, l'autre par celle de l'air chaud [1] ou *aérotherme*, nous donnerons la préférence au second, tel qu'il a été modifié et établi dans le jardin botanique d'Orléans par les soins de M. Delaire, jardinier en chef de cet établissement.

L'appareil est placé dans un souterrain situé au nord et derrière la serre. Immédiatement au-dessus du foyer, sous une cloche renversée, est une série de tambours et de cylindres dans l'intérieur desquels court la fumée qui s'échappe ensuite au dehors par un tuyau vertical ; deux amples panneaux, dont l'ou-

---

[1] Le premier de ces deux modes a reçu fort improprement le nom de *thermosiphon*, qui signifie *tuyau chaud*. Nous disons ce mot impropre, parce que dans tous les modes de chauffage il y a et doit y avoir des tuyaux chauds ; nous en proposons donc un qui exprime parfaitement l'objet, et a d'ailleurs le mérite de n'être pas nouveau : le mot *hydrotherme* (eau chaude), de même que, pour le second, nous proposerons le mot *aérotherme* (air chaud) qui n'est pas nouveau non plus et répond parfaitement à ce qu'on entend par *chauffage* à l'air chaud.

verture est réglée à volonté, quant au diamètre, au moyen des anneaux d'une chaîne qui sert à les ouvrir ou à les fermer, admettent l'air atmosphérique extérieur et le conduisent par de larges tuyaux jusque dans la cloche renversée. Là cet air tourne avec rapidité autour de l'appareil, s'échauffe, se dilate et circule dans des tuyaux qui ceignent la serre tout à l'entour et dans laquelle des ouvertures le laissent pénétrer en aussi grande quantité que l'exige l'état de la température interne.

La puissance du calorique développé par l'appareil est telle, qu'un thermomètre placé devant la première bouche dans les serres, à 15 mètres environ du foyer [1],

---

[1] Un calorifère à air chaud ne peut porter la chaleur à plus de 10 mètres du foyer quand il est construit de manière à ce que sa cloche et ses tuyaux ne rougissent pas. Celui-ci est un calorifère rougissant et chauffant à 7 ou 800 degrés. Il porte, en conséquence, la chaleur plus loin, mais cette chaleur serait malsaine, et les hommes ainsi que les plantes ne pourraient la supporter longtemps, si l'intelligent jardinier n'eût su modifier cet air suréchauffé au moyen d'un récipient d'eau placé dans la chambre à air.

On trouvera sous forme d'appendice, à la fin du présent volume, un moyen de chauffage, aussi convenable qu'économique pour les jardins d'hiver qui n'exigeront pas une grande chaleur. Les jardins d'hiver contenant des plantes des tropiques et qui devront être portées à la température des serres chaudes seront convenablement chauffés par le thermosiphon, dont l'usage est *à présent général*, en Angleterre et en Belgique. (*Note de l'éditeur.*)

On peut, au surplus, consulter la *Pratique du chauffage par le thermosiphon*, avec un article sur le calorifère à air chaud. 1 vol. avec 21 pl. Chez l'éditeur du présent ouvrage. (*Idem.*)

marque 6 minutes après l'inflammation du combustible et dépasse bientôt 55 degrés Réaumur. En chauffant plus fortement, on peut, en vingt minutes, y enflammer une allumette. Il semblerait au premier abord, qu'un air aussi fortement imprégné de calorique, devrait brûler les plantes voisines (elles sont placées à un mètre de distance à peine). Il n'en est point ainsi. L'air ainsi échauffé, pénétrant par des ouvertures étroites, dans un endroit froid, n'y pénètre nécessairement que par diffusion; il pousse, chasse devant lui en le dilatant à son tour l'air froid qui s'oppose à son entrée. Toute la serre en peu de temps (20 à 30 minutes) est saturée d'une atmosphère tiède; mais dont la douceur serait malfaisante, au bout de quelques heures, tant pour les plantes que pour les hommes (et tel est le résultat de tout chauffage sans ventilation) si l'habile jardinier ne saisissait l'instant favorable pour ouvrir dans la partie supérieure de la serre des châssis correspondants aux bouches de chaleur. Aussitôt, il s'établit entre l'air de la serre et celui du dehors un mouvement qui renouvelle en peu d'instants toute l'atmosphère intérieure de la serre sans refroidir aucunement celle-ci; les feuilles frémissent, les jeunes rameaux se balancent comme bercés par une douce brise. On sent alors, en se promenant dans une telle serre, un sentiment exquis de bien-être; on respire un air doux, léger, balsamique, et on jouit avec délices de l'aspect d'une végétation luxuriante, due presque entièrement aux bienfaits de ce mode de chauffage, et quelque peu aussi aux talents et aux soins de l'horticulteur.

Ajoutons, pour compléter autant que possible, que la dépense en combustible (charbon de terre) est assez minime; qu'avec quelques paillassons sur les toits et une bonne chaude le soir entre 9 et 10 heures, toutes ouvertures fermées, la température pendant la nuit subit à peine une diminution de 2 à 3 degrés, à moins qu'un changement instantané et imprévu abaisse considérablement celle du dehors; ce qui arrive très-rarement et à quoi on peut remédier avec quelque précaution.

DU JARDIN,

DES SERRES, DES ABRIS, DES TERRES, ETC.,

DESTINÉS A LA CULTURE DES

RHODODENDRUM, AZALEA, ACACIA, EPACRIS, ETC.

La fondation d'un jardin est, pour quelque genre de culture que ce soit, une chose de la plus haute importance et qui entraîne en soi de grandes difficultés. En effet, avant de fixer son choix, l'amateur doit consulter à la fois le climat, la situation, la nature du sol et l'exposition du lieu où il se propose de fonder un jardin.

Climat. Cet objet n'étant pas le plus ordinairement au choix de l'horticulteur fixé dans telle ou telle contrée, selon ses intérêts et ses liens de famille, nous n'avons pas à nous en occuper.

Situation. Quand il est loisible à un amateur de créer un jardin où bon lui semblera, ce point est un de ceux qui méritent le plus sérieux examen; car la situation aura des résultats heureux ou médiocres, ou même funestes sur les cultures auxquelles il se propose de se livrer, de quelque nature qu'elles soient, et selon la nature des lieux environnants. Expliquons-nous : si le jardin est situé dans une vallée, la gelée aura sur lui une action plus immédiate, plus destructrice, par cette raison que les couches d'air qui pèsent sur la surface du sol sont toujours plus froides que celles qui sont au-dessus; tandis que sur la pente des collines, les couches aériennes inférieures sont en général beaucoup moins froides Nos vignerons, en plantant leurs ceps sur les pentes des hauteurs et des montagnes, ont montré par là qu'ils connaissaient bien cette propriété atmosphérique, *que l'air froid étant plus lourd que l'air chaud, tend nécessairement à occuper les parties basses et profondes.* Faut-il une nouvelle preuve à l'appui de cet axiome? Quand il survient au printemps des gelées tardives, les plantes culinaires cultivées dans les fonds périssent sous leur influence, quand celles du versant des collines ne sont même pas atteintes.

Le jardin sera donc placé de préférence, quand cela sera possible, sur le déclin et vers la base d'une colline, ou dans une grande plaine plutôt qu'au fond d'une vallée étroite.

La nature et la disposition des lieux environnants influeront aussi puissamment sur la détermination de l'emplacement d'un jardin; car sa situation sur le penchant d'une colline n'offrirait qu'un médiocre avantage s'il n'était à l'abri de certains vents violents ou pernicieux. Et ici les difficultés de l'élection du lieu augmentent, moins ardues toutefois qu'embarrassantes. En effet, grâce à l'extrême division des propriétés, on peut désormais fixer son séjour à peu près où on voit l'endroit opportun.

Il est donc essentiel qu'en général un terrain soit abrité des vents du nord, du nord-est, du nord-ouest. Les raisons de cette recommandation n'ont pas besoin d'être déduites; le premier de ces vents amène la gelée et les frimas; le second dessèche par sa froide âpreté; le troisième amène les bouleversements et la tempête !

S'il n'était pas possible de faire l'élection d'un lieu qui, par sa situation, offrît naturellement ces abris, soit par des montagnes voisines, soit par de hautes constructions, on pourrait y remédier jusqu'à un certain point par une plantation d'arbres de haute futaie : forêt factice qui bientôt, par sa vigoureuse végétation, mettrait la propriété à couvert des funestes effets des vents que nous venons de signaler, tout en dotant le jardin d'une richesse et d'une beauté de plus.

Nature du sol. Les qualités minéralogiques d'un terrain ont pour les plantes qu'on y cultive des conséquences bien autrement importantes que son exposition ou même sa situation. Hâtons-nous, toutefois, de dire qu'il est plus facile de modifier la nature d'un mauvais sol qu'il ne le serait de remédier convenablement à une mauvaise situation.

Sous notre climat, si souvent sombre, pluvieux et froid, un terrain humide est le pire de tous. Les arbres, les plantes, y languissent jaunâtres ou décolorés, faibles et étiolés : ils y meurent bientôt, asphyxiés par la trop grande quantité de molécules aqueuses qui en distendent toutes les parties, sans une évaporation équivalente au dehors; ils y meurent sans avoir fleuri, sans avoir fructifié, en punissant ainsi, pour ainsi dire, l'impéritie ou l'insouciance du planteur.

Mais le remède est à côté du mal, remède prompt et facile.

Dans ce cas, le terrain doit être remanié, défoncé jusqu'au sous-sol, dont la nature compacte n'offrait aucune issue aux eaux pluviales. La surface de celui-ci sera en partie enlevée (à moins qu'on ne veuille élever le terrain supérieur [1]) et remplacée par une couche de gravats (décombres de bâtiments, plâtras, tuiles, briques, etc.), dont l'épaisseur ne peut être moindre de 50 à 60 centimètres ; les terres végétales de la surface, amendées selon leur nature, seront ensuite replacées et disposées au goût de l'amateur, qui

---

[1] Opération qui entraînerait quelques inconvénients assez graves, entre autres celui de rehausser les murs d'enceinte.

saisira cette occasion pour accidenter pittoresquement son jardin , si l'espace le lui permet.

Un terrain est-il sablonneux , et par conséquent sec et trop perméable , il est également facile d'en modifier la nature ; on le défoncera de même jusqu'au sous-sol , et on le mélangera avec une quantité de terre franche , de terre d'alluvion et de terreau de couches , suffisante pour lui faire acquérir la compacité qui lui manquait.

Est-il aride, pierreux, calcaire , le défonçage est encore le remède ordinaire opposé à cet inconvénient. De plus, les terres seront passées à la claie et mélangées convenablement, et à peu près de la manière dont nous venons de parler.

Mais, dans tous ces remaniements de terrain, l'horticulteur, ou l'amateur, comme l'on voudra, ne doit point perdre de vue qu'une assez grande partie du jardin doit être remplie par des massifs de terre franche, et surtout de terre de bruyère, pour la plantation exclusive de certains arbrisseaux et de certaines plantes. Nous reviendrons plus loin sur ce sujet.

Faut-il ajouter ici, qu'il est d'une économie bien entendue, d'une propreté calculée, propreté emportant avec elle un vrai confortable , de faire mettre de côté toutes les pierrailles, tous les cailloux pour en macadamiser solidement les allées, qu'on recouvre ensuite d'un lit épais et bien battu de gros sable de rivière. Par ces soins peu dispendieux, point de flaques dans les chemins, point d'humidité possible, une netteté, une propreté, trop souvent exclue des jardins mal entretenus.

SERRES, BACHES ET ABRIS.

Serres. Dans un jardin d'une certaine étendue, le propriétaire, outre la construction d'une ou de plusieurs serres et d'une bâche à multiplication, peut et doit *risquer* l'érection d'un *conservatoire* ou petit jardin d'hiver. Le *conservatoire* ne différant du *jardin d'hiver*, dont nous avons amplement parlé, que par des proportions moins grandioses, ce serait nous répéter que de nous étendre ici, à ce sujet : nous y renvoyons donc le lecteur, en lui conseillant, toutefois, s'il se détermine à faire construire un conservatoire, de donner à ce bâtiment une hauteur d'au moins 4 mètres sur une longueur et une largeur calculées, de manière à ce que ces trois qualités de l'étendue n'offrent pas de disparates trop choquantes. Le chauffage d'un conservatoire doit être le même que celui d'un jardin d'hiver.

Les plantes dont nous devons nous occuper ici exclusivement (*rhododendrum*, *azalea*, *acacia*, *epacris*, etc.), appartiennent toutes à cette catégorie appelée *plantes de serre froide*, et exigent aussi, pour leur bien-être, des constructions vitrées d'une forme différente de celles qu'on destine à abriter les plantes dites *de serre chaude*.

Pour l'éducation des végétaux dits de serre froide, on construit donc en général d'excellents petits bâtiments vitrés à deux pans, dont l'invention est due, dit-on, aux Hollandais [1]. Ce sont, de l'aveu de tous les praticiens, pour ces sortes de plantes, les meilleures serres dont on puisse faire usage, en ce sens qu'elles reçoivent de tous côtés les rayons du soleil, et qu'elles peuvent être garanties des grands froids avec beaucoup de facilité, au moyen de panneaux en bois, de litière, ou de paillassons, etc. Leur exposition n'est pas indifférente, et, comme nous l'avons dit pour le jardin d'hiver, elles doivent être placées dans le sens de leur longueur, de manière à ce que leurs extrémités se trouvent opposées au sud et au nord ; leurs flancs à l'est et à l'ouest : et cela, par les raisons péremptoires que nous avons déduites à l'endroit indiqué et qu'il est inutile de répéter. Pour une telle serre, l'avantage de recevoir de tous côtés les influences de la lumière entraîne avec lui, on le conçoit facilement, des conséquences importantes dont la principale est d'imprimer aux plantes une forme régulière et coni-

---

[1] Planche XLI, *Figures pour l'Almanach du bon Jardinier.* Voir aussi l'*Art de construire les serres*, par M. NEUMANN. Cette forme est encore en rapport avec la coupe du jardin d'hiver gravée dans l'appendice du présent ouvrage. (*Note de l'éditeur.*)

que, qu'elles ne revêtiraient pas, si la lumière ne les frappait que d'un côté. Dans ce cas, leurs tiges se courberaient ou leurs rameaux s'inclineraient vers ce sens, et leur port en serait aussi disgracieux que contrefait.

Les proportions d'une serre à deux pans dépendent nécessairement des habitudes des plantes qu'on se propose d'y cultiver ; elles seront donc plus ou moins considérables en élévation et en largeur, selon la nature de celles-ci, et selon qu'on les tiendra en vases ou en pleine terre. La longueur du bâtiment, basée d'abord sur l'harmonie nécessaire avec ses autres proportions, sera limitée d'après la quantité d'individus qu'il devra contenir.

Il serait tout à fait oiseux de décrire ici la manière d'édifier les serres à deux pans, ainsi que les matières qui doivent les composer. Chacun peut voir des serres de cette façon chez nos principaux fleuristes, chez beaucoup d'amateurs, près desquels il devra prendre tous les renseignements nécessaires. Toutefois, nous conseillons fort de donner à leurs constructions une certaine hauteur que la plupart des fleuristes leur refusent par une économie mal entendue.

Quelques mots sur le meilleur mode de chauffer les serres à deux pans ne seront pas inutiles.

Le calorifère à air chaud ne convient tout au plus qu'aux grandes serres chaudes. Pour des serres ordinaires ou des bâches, le calorifère à eau chaude, ou mieux l'*hydrotherme*, convient parfaitement, en ce qu'il peut être construit dans des proportions les plus grandes comme les plus exiguës. Le principal mérite de ce chauffage, c'est que la chaleur qu'il développe est douce, égale, sans intermittence et dure long-temps.

Une habitude générale fait placer l'*hydrotherme* à l'une des extrémités de la serre, celle de la porte d'entrée, et ordinairement dans un cabinet qui précède et n'est séparé de la serre proprement dite, que par une cloison vitrée. Cette disposition présente quelques inconvénients : c'est tout d'abord un aspect peu agréable, une malpropreté toujours apparente quoi qu'on fasse ; enfin, et ceci est le plus grave reproche qu'on puisse alléguer contre cette disposition, c'est que quand la chaudière est refroidie, et qu'il faut la remettre à l'état d'ébullition, il s'écoule un laps de temps souvent considérable avant que les tuyaux de l'extrémité opposée, ceux de retour surtout, puissent jeter de la chaleur dans cette partie de la serre, dont la température reste longtemps basse, inconvénient qui peut avoir, qui a des conséquences fâcheuses [1].

[1] Il y a des calorifères à effet prompt qui ne présentent pas cet inconvénient. Ils sont employés au potager du roi, à Versailles, par leur inventeur, M. Grison, et se fabriquent chez M. Fontaine, rue Saint-Pierre, à Versailles. (*Note de l'éditeur.*)

Il est extrêmement facile, si la disposition des lieux le permet (et il est rare qu'il en soit autrement), d'éviter les inconvénients que nous signalons ; c'est de faire poser l'hydrotherme dans une niche souterraine, au milieu du flanc nord de la serre ; un petit escalier conduira au foyer au-dessus duquel un toit (en planches) abritera le chauffeur. Il résultera de cette disposition de grands avantages, selon nous. D'abord, la chaudière (et le fourneau) se trouvant placés sous l'une des bâches latérales, jettera dans la serre une grande somme de chaleur qui se trouvait perdue dans l'autre cas. En outre, le tuyau de départ qui n'avait qu'un seul embranchement, cause de retard considérable pour le dégagement du calorique, en aura deux, l'un à droite et l'autre à gauche, système qui permettra une dispersion prompte et presque instantanée de chaleur dans la serre.

Il est à peine besoin de dire, qu'en raison de la nouvelle disposition que nous conseillons, on devra changer quelque chose à la direction des sentiers ; mais il serait oiseux de nous arrêter ici sur un pareil sujet, le bon goût et la sagacité de l'amateur et du constructeur de l'hydrotherme pourvoiront convenablement à notre silence.

Bâches. Cette sorte de construction ne diffère guère d'une serre à deux pans, que par des dimensions plus exiguës en tous sens, et souvent en ce qu'elle n'a qu'un pan. Une bâche est donc étroite, assez courte et très-basse. Elle ne sert qu'aux multiplications.

Dans ce but, un horticulteur doit au moins posséder deux bâches, l'une pour les multiplications qui se font à froid, l'autre pour celles à la reprise desquelles la chaleur est nécessaire. Elles pourront être séparées ou situées l'une à la suite de l'autre. La bâche froide sera pourvue de plates-bandes en pleine terre de bruyère, pour les couchages, les marcottages, les greffes et les semis ; la bâche chaude sera chauffée par l'hydrotherme.

Abris. Tout ce qui précède ne s'applique, comme on l'a vu, qu'à la protection que demandent sous notre climat les végétaux tirés à grands frais de pays plus favorisés du ciel que le nôtre. Mais sous ce dernier rapport, la Providence n'a pas tout à fait déshérité notre pays des bienfaits qu'elle a prodigués à tant d'autres. Le ciel de la France jouit aussi de quelques beaux jours, pendant la durée (bien courte, hélas !) desquels il faut se hâter de jouir des douceurs que nous offre à profusion le règne végétal.

Toutefois, quand arrivent pour nous les beaux jours, la plupart des végétaux qui vont tout à l'heure nous occuper, ont accompli leur élégante floraison et leur végétation annuelle a commencé ; souvent même elle est déjà presque achevée. Mais ces plantes, privées pendant près de six mois d'un air libre et fortifiant, ne sauraient de prime abord supporter, sans souffrir, l'effet de notre atmosphère, si une prévoyante sollicitude ne les a pas déjà préparées depuis longtemps à cette brusque transition.

L'industrieux et prévoyant cultivateur a donc dû, au fur et à mesure que les frimas se sont éloignés et que l'état de la température extérieure l'a permis, admettre peu à peu, puis en abondance, l'air pur et vivifiant du dehors ; par là, il a endurci (terme technique fort convenable) les jeunes extrémités des plantes en état de végétation, et les a préparées à pouvoir soutenir sans encombre les influences de notre climat.

Mais cela ne suffit pas, par cette raison que les végétaux passent chez nous en serre la moitié de leur vie, bien que pendant l'autre moitié, ils puissent vivre en plein air. Néanmoins, naturellement débilités, et par la domesticité, et par le changement de climat, et par leur inadultité incessante (qu'on nous pardonne cet excellent *barbarisme!*), grâce aux bouturages successifs et au rabougrissement perpétuel auquel nous les condamnons, ces végétaux, disons-nous, ne sauraient supporter complétement et sans obstacle, et notre air trop sec (en été), et les rayons de notre soleil comparativement dévorants !

L'industrie des horticulteurs a pourvu à cet immense inconvénient, dont les conséquences, sans cela, eussent été presque toujours mortelles au plus grand nombre des plantes extratropicales dont nous

nous occupons ici, et qui nous viennent, comme on sait, en grande partie de la Nouvelle-Hollande (extratropicale!), de la Nouvelle-Zélande, du Cap, de la Chine, du Japon, du Népaul, des Canaries, etc., contrées dont le climat souvent diffère peu de celui de notre France, et en particulier de celui de Paris.

Pour prévenir le dommage que ressentiraient infailliblement les plantes de ces pays des atteintes directes de toutes nos intempéries atmosphériques, on a inventé les *abris.* Ils sont de deux sortes, naturels ou artificiels.

Abris naturels. On applique en horticulture ce nom à des haies plus ou moins élevées, formées d'arbrisseaux plantés drus, et dont on entrelace les rameaux de manière à intercepter en grande partie les rayons du soleil. La vigne, l'épine-vinette, l'aubépine, le sureau, l'acacia (*robinia*), la vigne vierge, le myrtile, etc., etc., composent de bonnes haies, mais plusieurs de ces arbrisseaux n'entrant que fort tard en végétation, et par cette raison ne répondant pas toujours aux besoins du cultivateur, sont assez rarement employés. On leur préfère avec raison des lignes d'arbres verts et à feuilles persistantes, tels que le thuya de la Chine, le houx, l'alaterne, le buis, le laurier-amande, etc., qui forment de charmants rideaux de verdure, derrière lesquels les plantes de la serre tempérée, sorties en temps opportun (comme il sera dit en son lieu), trouvent à la fois un excellent abri contre les grands vents et les rayons brûlants du soleil.

On conçoit facilement tout ce que le bon goût du propriétaire d'un jardin peut tirer et de ces haies et de ces lignes d'arbres; avec quel art il peut les disposer, en accidenter son jardin de la manière la plus pittoresque, en obtenir des effets surprenants, inattendus, en multipliant, en déroulant de cent manières les bosquets, les cabinets de verdure!

Mais c'est surtout dans les grandes propriétés [1] que l'art de l'horticulteur saura tirer des abris naturels un parti grandiose. Imaginez çà et là, couronnant une verte pelouse, un bosquet d'arbres de haute futaie, chênes, châtaigniers, frênes, hêtres, platanes, marronniers, et élançant au ciel leur vaste cime verdoyante et touffue; par un raffinement de coquetterie jardinique, de grands massifs de terre de bruyère se groupent par devant; là les *magnolia yulan, auriculata, macrophylla,* etc., les *rhododendrum* des Alpes, les azalées (d'air libre), etc., déploient la magnificence de leur verdure. Désireux

[1] Nous devons dire, pour rassurer le petit propriétaire, que cette exclamation pourrait effaroucher, que l'art, jusqu'à un certain point, peut suppléer à l'exiguïté d'un jardin. Nous citerons, bien que nous sachions que sa modestie s'y oppose, une charmante petite propriété dans laquelle le talent du maître a su si bien déguiser et ménager l'espace, qu'on la croirait beaucoup plus vaste qu'elle ne l'est réellement. Rendez visite à M. Chéreau, honorable président du Cercle général d'horticulture, à Écouen, et là vous verrez comme on a su tirer parti d'un petit terrain.

d'un instant de repos, d'un abri momentané contre les rayons d'un soleil importun, et tenté par la commodité d'un fauteuil rustique qui vous tend les bras, vous pénétrez dans cette fraîche et verte enceinte!

Quelle aimable, quelle charmante surprise! Non, ce ne sont plus les essences de nos forêts, si douces, mais si familières à votre enfance qui frappent et éblouissent vos yeux, à l'abri desquels vous méditiez un court repos; ce sont à la fois mille plantes étrangères dont le port, le feuillage, les fleurs vous offrent des formes si diverses et si multipliées, si élégantes, si légères, si curieuses, si brillantes, que vous les embrassez toutes à l'envi du regard, sans pouvoir l'arrêter sur aucune en particulier. Comme ce vaste gradin circulaire a été savamment combiné; depuis ces *monsonia*, ces *mahonia* à peine hauts de quelques centimètres, jusqu'à ces hauts *acacia*, ces gigantesques *eucalyptus*, ces grands *banksia*, etc., etc., comme toutes ces plantes sont harmonieusement disposées, soit par étages, soit par groupes séparés!

Oh! oui, quel doux repos! quelle douce jouissance que tout cela! Pardonnez-moi cette réminiscence, pédantesque si vous voulez; mais, en vérité, l'occasion est si séduisante, si opportune, si vraie, que je m'écrirai, parodiant (avec une faute de quantité!) le prince des poëtes latins :

> *O fortunatos nimium sua si bona nôrint*
> *Divites!* . . . . .

Dans une propriété dépourvue de semblables abris, lesquels ne sauraient être improvisés et demandent quelque vingt ans pour acquérir un développement un peu étendu, on peut planter et disposer à son gré, mais toujours de manière *à produire de l'effet*, des arbres d'une végétation luxuriante et plus rapide, qu'on groupera par séries, tels que les peupliers, les bouleaux, le charme, les tilleuls, etc.

Pour abriter ainsi des plantes tropicales peu élevées, des bosquets composés de hauts arbrisseaux, comme diverses espèces de *baguenaudiers*, de *staphylea*, d'*evonymus*, de *rhamnus*, d'ifs, d'aunes, d'arbres de Judée, de noisetiers, de cytises, de genêts, d'arbousiers, etc., etc., peuvent être plantés avec opportunité dans ce but, ainsi que pour décorer un jardin et lui donner un aspect pittoresque et paysagiste.

Des lignes d'*arundo donax*, graminée gigantesque à larges feuilles en forme de rubans, plantées épaisses, et surtout bien entretenues, feront à la fois un bel effet et abriteront convenablement bon nombre de plantes.

Abris artificiels. Dans un jardin bien tenu, on ne se sert d'abris de cette sorte que dans un moment de presse; mais les horticulteurs marchands, qui, par les exigences de leur profession et l'étroitesse du terrain qu'ils exploitent, ne peuvent guère créer des plantations d'arbres ou former des haies vives, ou plutôt en attendre le développement, en font un très-grand usage; ils les composent de paillassons, de

claies, de roseaux, de brins d'osier tressés, etc.
Pour de petites plantes délicates, quelques jardiniers
choisissent les plus beaux chaumes d'une botte de
paille, dite *coulée*, qu'ils disposent un peu éloignés
les uns des autres sur des traverses en les y fixant
avec de l'osier. Ces espèces de claies, aussi propres
que légères, sont placées verticalement, ou même
horizontalement, quand les plantes qu'on doit abriter
sont petites; et elles sont d'une grande durée malgré la
fragilité des objets qui les forment.

———

Dans les considérations générales qui précèdent,
nous avons sommairement passé en revue l'établissement d'un jardin, sa situation, son exposition, la
composition de son sol ; nous avons dit quelques mots
des serres qu'il doit contenir pour protéger les plantes
en hiver, des abris qui les préserveront efficacement
des intempéries de nos étés ; nous avons été assez
explicites, selon nous, pour mettre un amateur à
même, en évitant le plus grand nombre possible des
inconvénients physiques que notre climat leur oppose, de déterminer avec connaissance de cause le
lieu où il peut fonder son jardin ; maintenant nous
traiterons spécialement de quelques-unes des plantes

les plus recherchées dans les serres froides. Il trouvera à chaque pas une foule de renseignements pré-
cieux pour lui : renseignements que nous n'avons pas
dû mentionner ailleurs, parce qu'ils devaient trouver
là tout naturellement leur place.

DES RHODODENDRUM ET DES AZALEA.

AVERTISSEMENT.

Les *rhododendrum* et les *azalea* sont en possession, par leur beauté, d'attirer l'admiration et l'intérêt, non-seulement des amis de Flore, mais encore de tous les indifférents, et, disons-le, même de tous les profanes. La nature, en effet, n'a rien su leur refuser : port peu élevé, buissonnant; feuillage ordinairement large et élégant; fleurs très-grandes, très-belles, très-nombreuses, brillamment colorées, agréablement mouchetées, souvent odorantes (azalées), *robusticité*, rusticité de culture, telles sont à peu près les qualités dont les a douées la nature et qui ne pouvaient manquer de frapper et de séduire; aussi leur culture est-elle, à juste titre, extrêmement répandue et suivie.

HISTOIRE ET CARACTÈRES GÉNÉRIQUES DES RHODODENDRUM.

Le genre *rhododendrum* a été établi en 1758 par Linné (Gen. 548). Le nom que lui a imposé le célèbre Suédois signifie en grec *rosier en arbre*; et il faut avouer que, bien que cette appellation ne soit rien moins qu'exacte, néanmoins le nombre, le brillant coloris et l'extrême beauté des fleurs de la plupart des espèces qui le composent, la justifient comparativement jusqu'à un certain point.

Les botanistes distinguent ce genre par les caractères diagnostiques suivants :

FAMILLE DES ÉRICACÉES , TRIBU DES RHODODENDRÉES.

Calice 5- parti ; corolle hypogyne , infundibuliforme ou subcampanulée , à limbe, 5- fide ou rarement 7- fide , égal ou presque divisé en deux lèvres (subbilabié) ; étamines hypogynes ou insérées à la base de la corolle et au nombre de 5, de 10 ou de 14 ; filaments filiformes, ascendants ; anthères mutiques, déhiscentes au sommet par un pore oblique ; ovaire 15-10-, loculaire à loges multiovulées. Style filiforme ; stigmate capité. Capsule globuleuse ou oblongue , 15-5- loculaire , septicide , 5-10- valve, à colonne placentifère , centrale, libre. Graines nombreuses, scobiformes , appendiculées aux deux extrémités (très-petites, un peu comprimées) , à test lâche, réticulé.

Les *rhododendrum* , ou rosages, nom vulgaire français presque tombé en désuétude, sont des arbres ou des arbrisseaux peu élevés, quelquefois très-humbles, habitant les hautes montagnes de l'Europe, de l'Asie Mineure, de l'Inde et de quelques îles voisines de l'Amérique boréale. Leurs feuilles sont alternes, très-entières, persistantes ou caduques, glabres ou velues, épaisses, coriaces ou membranacées ; leurs fleurs grandes, belles, jaunes, blanches, roses ou pourprées (pétales supérieurs maculés) et disposées en un ample corymbe, au sommet des rameaux ; leurs alabastres ou boutons floraux sont munis de squammes ; les pédicelles filiformes munis d'une bractéole.

Ce sont, en général, des plantes suspectes. Quelques-unes sont réputées narcotiques, et même, à une certaine dose, vénéneuses. Les feuilles de bon nombre d'entre elles sont, dit-on, un excellent sudorifique. Les espèces en sont nombreuses ; on en connaît plus de 50, regardées comme distinctes par les botanistes, et presque toutes cultivées dans les jardins.

Peu de plantes peuvent présenter un aspect aussi splendide, aussi magnifique que des groupes de *rhododendrum* en fleurs! Ces fleurs si grandes, si nombreuses, réunies comme en gros bouquets faits à plaisir, offrant à l'envi toutes les teintes les plus vives comme les plus délicates, passant du pourpre au blanc rosé et au cramoisi foncé, tranchant sur le vert foncé d'un large et vigoureux feuillage, font des *rhododendrum* les rivaux des *pelargonium* ; et, en fait de beauté et de prééminence, l'amateur indécis se contente de jouir en silence, sans se prononcer. Nous donnerons plus bas la liste des espèces connues de ce beau genre, et nous nous occuperons immédiatement ici de leur culture.

Les *rhododendrum*, sous le rapport de la culture, se partagent en deux catégories : ceux d'air libre et ceux de serre froide.

Rhododendrum d'air libre. A l'exposition du levant ou même du nord, et, autant que possible, à mi-ombre, on forme des massifs d'une terre de bruyère sableuse, non passée au crible, mais dont les mottes ont été simplement brisées, et dont on retire seulement les plus grosses racines. Selon l'étendue du massif, on lui donne une forme bombée, ou on le creuse en forme de petite vallée. La couche de terre de bruyère ne doit pas avoir plus de 30 à 35 centimètres de profondeur, par cette raison péremptoire qu'un terrain factice s'altérant promptement par les arrose-ments naturels ou artificiels qui en entraînent inces-samment l'humus, il deviendrait bientôt incapable de continuer à sustenter les plantes qu'on y élève ; celles-ci, forcées de vivre dans un sol *lavé* et appau-vri, languiraient et périraient bientôt, si l'intelligence du cultivateur ne leur venait en aide. Que fait-il pour éviter le grave inconvénient que nous signalons ? Tous les deux ou trois ans, il renouvelle la terre au pied de chaque individu sur une profondeur de 8-10 centi-mètres ; puis, comme ces plantes ne souffrent nulle-ment d'être relevées en automne, au bout de six à huit ans, il les enlève, fouille jusqu'au fond de la fosse, extrait toute l'ancienne terre entièrement décomposée, la remplace par de la neuve, et replante ses *rhododendrum*, comme si rien n'était. A la campagne suivante, les *rhododendrum* fleurissent et végètent avec une luxuriance inaccoutumée.

Ce procédé de culture, le renouvellement partiel ou total, selon les circonstances, des massifs de terre de bruyère, est un grand progrès dû à l'école moderne, qui, tout en favorisant outre mesure la santé et la vigueur des plantes, permet une économie immense. Ce motif doit engager désormais les amateurs à créer ainsi en plus grand nombre, dans leurs jardins, des massifs de ce genre.

Nous ferons observer en passant que la règle que nous venons d'établir, règle importante sous le double rapport hygiénique et économique, s'applique aussi nécessairement aux massifs des jardins d'hiver et des serres; toutefois nous ne manquerons pas de la rappeler au souvenir du lecteur quand il sera question de ceux-ci.

En plantant les massifs, l'horticulteur aura égard à la hauteur connue ou présumée des plantes. Les plus élevées devront occuper le centre, les plus petites les bords, etc.; il les groupera de manière à ce que leurs fleurs, bien que contrastant entre elles par leurs divers coloris, présentent à l'observateur un aspect harmonieux. Pendant les chaleurs, le soir au coucher du soleil, ou le matin avant son lever, pendant tout le temps de leur végétation, il leur donnera des arrosements abondants, bassinera leurs feuilles, entretiendra dans tous les massifs une propreté minutieuse, en ôtant les feuilles sèches, les fleurs tombées, et tout ce qui pourrait blesser un œil justement scrupuleux.

La végétation entièrement achevée, ce qui a lieu ordinairement dans les mois de juillet et d'août, il modérera un peu les arrosements; et comme les chaleurs sont en ce moment considérables, il continuera les bassinages; mais après l'aoûtement des jeunes pousses, vers la fin de septembre et le commencement d'octobre, il cessera peu à peu les uns et les autres, et surtout les seconds, au fur et à mesure que les froids deviendront imminents.

Tous ces soins conviennent également aux *rhododendrum* élevés à l'air libre ou en serre.

Bien que ces arbustes ne se prêtent pas volontiers à la taille, il sera bon à cette époque de retrancher les rameaux stériles les plus difformes ou ceux qui contrarieraient, par leur direction mauvaise, l'ensemble d'un groupe; mais il faut n'user de ce moyen qu'avec une grande discrétion, parce que, nous le répétons volontiers, le *rhododendrum* n'aime pas la taille, et parce qu'ordinairement chaque rameau doit se terminer par des fleurs.

Rhododendrum de serre. Dans le jardin d'hiver.

dans le conservatoire ou dans la serre, il vaut mieux planter les *rhododendrum* en pleine terre que de les tenir en caisses. Dans le premier cas, en effet, les arbrisseaux acquièrent tout leur développement naturel (développement dont les dimensions, quoique ordinairement assez considérables , n'occupent cependant pas un très-grand espace ; considération qui, nous le savons, est au-dessus de toutes les autres) ; leur végétation est vigoureuse, leur floraison abondante , leurs fleurs grandes , bien développées, *bien étoffées*. Dans le second, un port rabougri , une végétation maigre , des fleurs petites et contractées témoignent de la gêne qu'éprouvent les plantes. Du reste, mêmes soins, mêmes précautions à prendre pour leur bien-être que pour celles qui végètent à l'air libre, c'est-à-dire renouvellement partiel ou total, au besoin, de la couche de terre de bruyère, arrosements fréquents ou rares, selon la saison et l'état de la température, bassinages très-fréquents aux mêmes heures du jour, etc.

Le mode de la formation et de la disposition des massifs de serre a été indiqué plus haut, ainsi que tout à l'heure celui de leur entretien ; nous ajouterons ici quelques mots seulement pour leur aérification [1].

---

[1] Encore du néologisme ! Mon Dieu ! Messieurs de l'Académie, pardonnez-moi, ou plutôt fournissez-moi dans votre Dictionnaire un mot *légal* qui exprime ce que je veux dire, ce que tout le monde entendra par celui que je forge.

A ce sujet, bien qu'il ne doive être ici question que de ce qui a rapport aux *rhododendrum*, nous croyons devoir parler de ce moyen d'une manière générale et une fois pour toutes.

De l'aérification ou de l'admission de l'air dans les serres. L'air, l'eau et la lumière sont, on le sait, les trois grands agents de la végétation; *sans leur influence réunie et agissant sur lui, un végétal ne peut exister.* Le cultivateur ne doit donc jamais perdre de vue cet axiome; il doit sans cesse chercher les moyens de combiner ces agents et lutter contre les obstacles de toute sorte qui s'opposent trop souvent d'une manière victorieuse à leur action simultanée sur des plantes élevées dans un lieu clos. Nous avons déjà parlé incidemment de ces grands moteurs; nous y reviendrons nécessairement encore. Parlons donc ici de l'air.

Dans une serre tempérée, comme dans les constructions qui n'en sont que des modifications basées sur une plus grande échelle, l'air, pendant la mauvaise saison, joue un rôle extrêmement important. Son admission large, sans obstacle, est, là, plus impérieusement nécessaire que dans la serre chaude, et nous en déduirons les raisons tout à l'heure. Aussi, à moins que la température extérieure ne soit très-basse, c'est-à-dire ne marque que 6° au dessus de 0 ou moins encore, les châssis seront ouverts, plus ou moins largement, pendant la plus belle partie de la journée, tous ou la plupart, ceux du haut et ceux du bas, de manière à établir un courant d'air (une ventilation) qui renouvelle incessamment l'atmosphère stagnante de la serre.

Cette opération, quand l'admission de l'air ne peut être continuelle par des causes atmosphériques (un grand vent, par exemple, ou l'imminence de la gelée), doit avoir lieu au moins une fois par jour, vers le milieu de la journée, au moment où le soleil se fait voir. S'il gelait un peu, on ouvrirait encore, mais avec réserve, mais partiellement, en tenant le fourneau bien allumé (dont la chaleur neutraliserait à l'intérieur l'effet du froid), et toujours de manière à ce que tout l'air intérieur soit convenablement renouvelé.

Une heure de ventilation pendant un temps de gelée suffira pour la santé des plantes. Est-il besoin de dire que si un grand froid faisait descendre le thermomètre au-dessous de 4° de gelée, il faudrait tenir la serre bien close, à moins que le soleil ne vienne changer cet état de choses?

Ainsi donc, en thèse générale : admission abondante de l'air extérieur chaque fois que l'état de l'atmosphère externe ne viendra pas contrecarrer cette salutaire mesure ; température interne ne dépassant jamais, par l'effet du calorifère, 8° 10° 12° Réaumur au plus ! Quand le thermomètre est près d'atteindre ce dernier taux, donner de l'air pour le faire baisser; et, dans ce but, ralentir la combustion au foyer par les moyens ordinaires (extinction d'une partie du combustible, fermeture de la soupape, etc.). Dans certaines circonstances on peut, *une fois par hasard*, laisser se développer dans le conservatoire ou le jardin d'hiver une somme de chaleur qui, plus considérable qu'à l'ordinaire, ne dépasse toutefois jamais **20** degrés; encore, au préalable, faudra-t-il seringuer et bassiner *généreusement* pour atténuer autant que possible l'effet délétère d'une chaleur insolite. Une de ces circonstances exceptionnelles peut se présenter ainsi : c'est quand le maître du lieu, donnant une fête, destine le jardin d'hiver à servir de promenade à ses invités.

Thermomètres. La question des thermomètres, sous le rapport de la construction de ces instruments et de leur place dans la serre, mérite aussi d'attirer l'attention de l'horticulteur. Ici encore nous avons à combattre le monstre que nous ne cessons de combattre, ce grand éteignoir des lumières, cet étouffoir des connaissances humaines, la routine enfin, puisqu'il faut l'appeler par son nom.

Un jardinier croit, quand il a appliqué un thermomètre à **1** mètre et demi du sol sur un mur au nord, et un second dans la serre, à l'extrémité opposée à celle où est situé le foyer (souvent même ce second thermomètre est placé très-près du feu!) il croit, disons-nous, connaître suffisamment l'état de la température externe et interne, et cependant il n'en est rien. Le

premier ne lui indique la température externe qu'ap-
proximativement ; car, appliqué sur le mur, ce mur
nécessairement le protége contre l'air ambiant, le
grand air, enfin, et lui communique sa propre température, laquelle est toujours un peu plus élevée que
celle qui agit sur la serre. Le second, placé soit au
fond, soit au milieu de la serre, et toujours à une
certaine distance de l'endroit surbaissé où se trouvent les plantes, lui donne également de fausses notions sur le véritable état de la température interne,
puisque la couche d'air placée à la surface du sol ou
des pots des plantes est toujours beaucoup plus froide
que celle, par exemple, qui se trouve à 1 mètre au-
dessus. Ajoutons que la construction grossière des
thermomètres employés par les fleuristes, qui, bien
qu'ils les achètent à très-bas prix, les payent encore
beaucoup trop cher, doit surtout contribuer à leur sup-
putation erronée chaque fois qu'ils les consultent.
Mais voyons comment on doit éviter les inconvénients
que nous démontrons, ce nous semble, d'une manière
péremptoire.

Un thermomètre *gradué sur glace*, et rempli de
mercure (ce métal étant aussi sensible à la moindre
variation atmosphérique que l'alcool l'est peu), sera
suspendu au milieu du jardin (à peu près), à 2 mètres
environ au-dessus de terre ; le jardinier, comme à
l'ordinaire, le consultera plusieurs fois par jour, et
surtout le soir et le matin. Un tel instrument lui

indiquera avec exactitude l'état de la température.

Dans la serre, trois thermomètres semblables (et plus quand il s'agit d'un conservatoire et surtout d'un jardin d'hiver) seront suspendus l'un assez près du foyer, l'autre à l'extrémité la plus éloignée de celui-ci, le troisième entre les plantes et au niveau du sol; de plus, dans une bâche ou serre à multiplications, un de ces thermomètres, dit thermomètre à bains (et toujours rempli de mercure), sera continuellement plongé dans la couche, afin d'en indiquer sans cesse la température exacte, et d'avertir qu'il faut réchauffer la couche au moyen d'une addition de fumier neuf, ou en remettant l'hydrotherme en ébullition. De cette manière, les trois thermomètres d'une serre, consultés à la fois, indiqueront, on le conçoit, trois températures différentes dont un calcul aisé indiquera la moyenne, sur laquelle on devra régler toutes les opérations hibernales.

Baromètre. En outre, dans une serre bien dirigée, le cabinet, qui doit nécessairement le précéder, sera orné d'un baromètre que le jardinier devra consulter également plusieurs fois par jour pour connaître les brusques variations atmosphériques et prévenir les accidents qui peuvent en résulter. Combien de personnes prévoyantes ont eu à se louer de cette précaution, en cas de gelée subite, de grêle et de grands vents.

Ceci dit, nous revenons à nos *rhododendrum.*

Hybridisation [1]. Un moyen d'une puissance infinie, que la contemplation et l'étude de la nature ont mis entre les mains de l'horticulteur pour multiplier indéfiniment ses jouissances, dont il est bien désirable qu'il médite profondément et ne risque l'emploi qu'avec la certitude d'un beau résultat (tant de mécomptes et une perte de temps si grande attendent en ce genre l'ignorant!); ce moyen, c'est l'hybridisation [2].

L'hybridisation n'est, à proprement parler, qu'une fécondation adultérine artificielle. Elle consiste dans la suppression de tous les organes mâles d'une fleur, et dans la fécondation du pistil d'icelle par le pollen des organes mâles d'une autre fleur entièrement congénère.

Cette opération exige, comme nous l'avons dit, de la part du praticien, une mûre réflexion et une grande dextérité.

Celui-ci doit, avant d'opérer, avoir bien étudié son sujet; sa sagacité lui a préalablement suggéré

[1] Ou *hybridation*; ce dernier mot est moins heureux.

[2] En nous servant dans le petit ouvrage que nous citerons plus bas du mot *fécondation artificielle*, pour qualifier ce procédé, nous avons commis une véritable erreur, car on doit entendre par fécondation artificielle la fécondation par la main de l'homme d'individus ou monoïques, ou dioïques, ou même hermaphrodites; mais chez lesquels cette opération ne saurait avoir lieu *naturellement* par des causes quelconques. Ainsi on féconde artificiellement les figuiers, les dattiers, etc.

quelle sorte de progéniture adviendra du mariage adultérin qu'il effectue. Ainsi il choisira deux *rhododendrum*, tous deux d'une belle venue, bien vigoureux, à fleurs roses ou à fleurs pourpres, bien amples, bien étalées. Par une belle matinée chaude, sereine, sans vent, au moment où les fleurs d'un ample corymbe, qu'il aura laissé seul d'entre tous ses frères, sur la plante qu'il veut rendre mère, commenceront à ouvrir leurs riches corolles, il viendra avec une paire de ciseaux fins et bien affilés en couper avec adresse toutes les anthères, avant qu'aucune d'elles ait laissé échapper de pollen. Il fera scrupuleusement attention à ne pas froisser, à ne pas toucher dans chaque fleur le pistil qu'il isole; car la moindre blessure, la moindre altération sur un organe aussi délicat, rendrait l'opération inutile. Quelques moments après (vers 10 ou 11 heures), coupant quelques-unes des plus belles fleurs du père qu'il a élu, fleurs également écloses le même matin, il viendra en secouer légèrement la poussière fécondante sur les pistils isolés de celles qu'il a faites veuves en un instant de tous leurs maris; et l'opération est terminée, s'il remarque que chaque organe femelle est suffisamment couvert de pollen.

Si l'opération a eu lieu à l'air libre (sur des *rhododendrum* de cette catégorie), il couvrira la plante ainsi fécondée d'une cage de verre; si l'ampleur du *rhododendrum* s'y opposait, il se contenterait d'enfermer le corymbe fécondé sous une cloche, fixée de manière à ce qu'elle ne pût être dérangée. En serre il emploiera les mêmes moyens, dont le but est d'isoler les fleurs hybridisées du contact de tout autre pollen que pourrait amener le vent ou le butinage des insectes, et de les mettre à l'abri des vents ou de la pluie, toutes circonstances qui s'opposeraient au succès de l'opération.

Tout le monde horticole sait que, par ce procédé, quand il a été parfaitement exécuté, l'on obtient souvent de magnifiques variétés dans les genres *pelargonium, pæonia, rhododendrum, azalea, camellia,* etc.

MULTIPLICATION.

Comme la plupart des plantes, les *rhododendrum* se multiplient aisément par semis, par greffes, par boutures ou par marcottes. Nous traiterons successivement de chacun de ces modes.

Semis. Aussitôt après la parfaite maturation des fruits, ce qui a lieu ordinairement en novembre, on a soin de les cueillir quelque temps avant la déhiscence des capsules, sans quoi on en perdrait infailliblement les graines qui, tombant sur le sol, échapperaient à toutes les recherches par leur ténuité.

Les graines des *rhododendrum,* d'air libre ou de serre, peuvent être immédiatement semées ou conservées pendant l'hiver, pour ne l'être qu'au printemps.

Dans ce dernier cas, on évite la perte d'une partie des graines qui, sous l'influence des longues brumes hibernales, pourriraient sans germer ou dont la germination serait lente et débile.

Dans le courant du mois de mars, alors que le soleil commence à faire sentir sa chaleur, on remplit plusieurs terrines (s'il y a lieu), préalablement bien drainées [1], d'une terre de bruyère sableuse, passée au crible afin d'en retirer toutes les racines et de la rendre aussi meuble que possible. On en nivèle la surface en la pressant légèrement au moyen d'un disque de bois au milieu duquel est un petit manche. Dans cet état, on sème les graines, en les disséminant autant que possible, et on les recouvre d'un millimètre *au plus* de la même terre au moyen d'un tamis. Cela fait, on bassine légèrement, et on place sous un coffre froid les terrines qui contiennent les graines des *rhododendrum* d'air libre; et dans la bâche ou sur une tablette de la serre (et jamais sur couche chaude), celles des *rhododendrum* qui exigent un peu plus de chaleur. De temps en temps et autant que le besoin en est apparent, on bassine avec précaution au moyen d'une seringue

[1] C'est-à-dire dans lesquelles, au moyen d'un lit de gros sable ou de tessons de pots bien concassés, on a facilité un prompt écoulement aux eaux de pluie ou d'arrosement.

très-fine la furface des pots, sans toutefois donner d'air encore. Bientôt les graines germent, les feuilles primordiales se déploient, la tigelle s'allonge ; alors on commence à arroser un peu, en ayant la précaution de ne pas mouiller le jeune feuillage, et à donner peu à peu de l'air, en soulevant, quand la température extérieure le permet, les châssis du coffre ou de la bâche sur un angle d'environ 5 à 6 degrés. Dans le jour on abritera au moyen d'une toile d'emballage, ou de paillassons légers, ou de claies, les jeunes plantes contre les rayons du soleil qui les brûleraient sans remède. La nuit, le coffre sera couvert de paillassons, entouré de litière, pour empêcher le froid et les gelées encore imminentes de pénétrer à l'intérieur.

Aussitôt que les gelées ne seront plus à craindre, vers la mi-mai enfin, on portera le jeune plant des *rhododendrum* d'air libre dans un endroit un peu ombragé, où il puisse être préservé des grands vents et des rayons brûlants du soleil. On l'examinera souvent tant pour le nettoyer, l'arroser, que pour faire une guerre sans merci aux limaces qui, en une nuit, pourraient tout détruire et annuler ainsi en un instant tous les soins d'une année. L'instant le plus propice pour leur faire la chasse est le soir, en s'éclairant d'une lanterne, ou le matin avant le lever du soleil ; mais déjà souvent il est trop tard, le mal est fait.

On donnera exactement les mêmes soins aux semis

des *rhododendrum* de serre, qu'on pourra également sortir vers la fin de mai, ou laisser dans la serre, en leur donnant toutefois de l'air en abondance.

Dans le courant d'octobre, les jeunes *rhododendrum* ayant déjà atteint quelques centimètres de hauteur, seront enlevés de la terrine, avec assez de précaution pour ne pas blesser les racines d'aucun d'eux, et repiqués, soit séparément dans de petits pots, soit dans d'autres terrines, en les distançant selon leur degré de développement, afin qu'ils ne se gênent point les uns les autres, et rentrés tous sous le coffre dans la serre ou la bâche, afin qu'ils puissent, sans encombre, passer leur premier hiver.

Au printemps suivant, et une quinzaine de jours avant la sortie, on les rempotera de nouveau dans des vases un peu plus grands; ceux qu'on laissera dans les terrines sont encore plus écartés. Puis, sortis et mis à l'abri, comme nous l'avons dit tout à l'heure, ils recevront également les mêmes soins qu'on leur aura prodigués la première année. Ils seront une troisième fois rempotés à l'automne, protégés encore contre l'hiver suivant, et la troisième ou quatrième année, mis en place au printemps; les uns à l'air libre, du moins ceux de cette catégorie qui auront pris assez de développement pour résister aux froids, et les autres dans la pleine terre de la serre ou du conservatoire.

Les jeunes *rhododendrum* de serre peuvent être,

pendant toute la belle saison, plantés en pleine terre,
à l'air libre, relevés et mis en pot à l'automne pour
être gardés en serre pendant l'hiver. Ils ne souffri-
ront aucunement de cette transplantation ; bien plus,
ce genre d'éducation les renforcera et leur fera
acquérir un développement plus considérable que si
on les eût laissés en pots.

Dans les précautions que requiert leur culture,
il en est une qu'il ne faut jamais oublier, c'est de ne
jamais les *pincer* pendant la jeunesse. Le pincement
en ferait des arbustes rabougris, irrégulièrement ramifiés, et d'un port disgracieux.

Toutefois, avant de mettre en place des jeunes
rhododendrum issus de semis, il serait bien d'en attendre la première floraison, qui dans bon nombre
de cas pourrait, par sa médiocrité, causer d'amers
désappointements. Hâtons-nous de consoler l'amateur
qui serait pressé de planter ses jeunes rosages, en l'a-
vertissant que dans cette triste occurrence, il lui res-
terait la ressource de les greffer et de réparer par là
les torts d'une nature quelquefois capricieuse et avare
de ses dons.

Greffage. Comme l'opération du greffage [1] chez les
rhododendrum ne présente aucune différence avec
celle que l'on pratique sur les autres arbres ou ar-

---

[1] Nous ferons observer ici que le mot *greffe*, employé dans le
sens de l'action de greffer, est une faute grave contre la langue.

brisseaux, nous pourrions donc renvoyer le lecteur inexpérimenté aux livres qui en traitent, si notre but n'était pas de lui être entièrement agréable et utile.

On sait que par la greffe, on propage identiquement les variétés, et que par les semis, on peut obtenir des variétés différentes de la mère, et quelquefois plus belles.

Les principaux greffages employés dans la culture des *rhododendrum* sont ceux dits : *en fente, en placage et en approche*. On peut opérer en toute saison, à l'exception de celle où les plantes sont en pleine végétation, c'est-à-dire, de mars à la fin de mai ou de juin ; mais les époques les plus convenables sont les mois d'août et de septembre.

On choisira pour ce travail un jour sombre ou pluvieux ; si une telle occurrence ne se présentait pas, on se tiendrait pour cela dans un lieu frais et ombragé, afin d'éviter aux parties coupées tout hâle et toute dessiccation.

Greffage en fente. On coupe horizontalement, et d'une manière bien nette, d'un seul coup, avec un greffoir bien affilé, les sujets que l'on veut greffer, en leur laissant un tronc d'environ 8 à 10 centimètres de hauteur ; sujets âgés de trois ou quatre ans, et choisis parmi les individus les plus sains et les plus vigoureux de tout un semis. On a près de soi, au moment du greffage, les greffes que l'on a choisies pour les multiplier ; ce sont de petits rameaux bien aoûtés, coupés aux sommités des plantes mères, sur les côtés, longs de 6 à 10 centimètres, portant plusieurs feuilles bien développées, et avant tout des *yeux*[1] en bon état, et tournés à l'opposite de la greffe. Le sujet, on appelle ainsi l'individu sur lequel on implante la greffe, doit aussi conserver à sa partie supérieure, une feuille avec un œil bien conformé dans les aisselles. Tout étant ainsi disposé, on pratiquera au sommet du sujet, et de haut en bas, une fente d'environ 3 centimètres de profondeur verticale[2].

La hauteur de ce biseau sera égale à la profondeur de la fente de celui-ci. Dès que la greffe aura été

[1] Les jardiniers donnent à cet œil le nom vraiment expressif d'*appel*.

[2] En enfonçant un peu le greffoir de biais, de manière à ce que l'enfonçant une seconde fois, et de biais également, on puisse enlever une lamelle de bois extrêmement atténuée-aiguë à la base et épaisse à peine d'un millimètre au sommet. On taille ensuite a base de la greffe en un biseau assez mince pour ne pas faire trop ouvrir la fente pratiquée sur le sujet.

Les horticulteurs-praticiens ayant souvent quelques centaines de greffages à opérer à la fois, se contentent de fendre simplement le sujet perpendiculairement et d'introduire la greffe dans la fente en l'entr'ouvrant avec le greffoir. Il n'est pas besoin, selon nous, d'insister ici sur le vice de cette méthode, et de lui attribuer les non-réussites infinies qui surviennent trop souvent après l'opération. En effet, en agissant ainsi, une main trop peu délicate souvent fait éclater en bas le sujet, en prolonge la fente, qui alors ne correspondant plus exactement aux dimensions de la greffe, ne peut plus s'y unir entièrement sur sa double surface, à la base de laquelle reste un vide où l'air pénètre et vient s'opposer à la soudure intime des deux parties.

placée de manière à ce que les bords soient exactement de niveau avec ceux du sujet, afin que les
deux écorces soient en un contact parfait, on en as-
surera la position par une ligature de fil plat [1], non
serrée, et qu'on couvrira de cire dite à greffer.

Les quelques feuilles que conserveront les greffes
serviront, on le devine sans doute, à attirer vers
leur support la séve des sujets, en même temps que
dans les premiers jours de l'opération elles puiseront
pour elles-mêmes, dans l'atmosphère, assez d'humidité pour se sustenter jusque-là. Toutefois, il est
bon de les couper par la moitié, pour qu'elles épui-
sent d'autant moins les sucs nourriciers que contiennent les rameaux.

Si l'opération a lieu à l'air libre, les plantes greffées
seront protégées contre les intempéries atmosphériques par des cages ou des cloches en verre, ombrées
pendant les premiers jours ; puis, lorsque la soudure
des parties paraîtra assurée, on donnera peu à peu de
l'air et de la lumière. En serre, les mêmes soins seront donnés aux plantes greffées, avec cette différence seulement, qu'on les aura placées sur une
couche tiède, pour aider à leur reprise par un peu de
chaleur.

Greffe en placage. L'extrémité de la greffe est taillée

---

[1] Il faut désormais rejeter les ligatures en laine dont l'inconvénient est l'insinuation de leurs filaments déliés entre les parties
rapprochées.

en bec de flûte allongé , sur une longueur semblable à celle du biseau de la greffe en fente ; on enlève sur le sujet, au-dessous d'un œil ou deux, munis de leurs feuilles , dont on peut retrancher la moitié, une portion exactement équivalente d'écorce et de bois ; on approche les deux parties, on ligature et l'opération est achevée. Du reste, mêmes soins et mêmes précautions que dans le cas précédent.

Greffe par approche. Ce greffage, par sa nature, est d'un emploi moins fréquent que les deux que nous venons de mentionner, et exige une grande dextérité de la part de l'opérateur. Il faut, pour la pratiquer, que le sujet et la greffe soient placés l'un près de l'autre, dans leur entier ; car dans ce mode on se contente d'enlever aux deux parties un léger fragment de bois et d'écorce ; mais assez toutefois, de l'un et de l'autre pour qu'ensuite leur rapprochement n'offre pas de difformités. Ainsi donc, on greffera commodément deux individus croissant en pleine terre l'un près de l'autre, en les choisissant de force égale, circonstance essentielle pour faciliter la reprise des parties rapprochées, dans ce greffage comme dans les deux autres ci-dessus ; si l'un des deux est en pleine terre et l'autre en pot ou en caisse , on placera le vase du second près de la tige du premier , et on le maintiendra élevé s'il était plus petit.

Dans cette conjoncture, on enlèvera avec le greffoir, sur le sujet, et un peu au-dessous de sa partie bien aoûtée (vers le tiers supérieur), une portion oblongue de bois et d'écorce dans laquelle on pratique obliquement, de haut en bas, une petite *coche* dont la forme est celle d'un angle très-aigu. On agit de même sur la greffe, mais en sens inverse; c'est-à-dire qu'au lieu de pratiquer une coche dans la portion enlevée, on la taille de façon à lui laisser une *esquille* répondant, par sa forme et son volume, à l'entaille ou coche coupée sur la blessure du sujet. Cela fait, on approche les deux individus avec précaution, on fait pénétrer lentement et avec précaution, pour ne pas la briser, l'esquille dans la coche ; on ligature, on cire, et l'opération est terminée.

On voit, comme nous le disions en commençant, que le greffage exige quelque habileté, quelque délicatesse de toucher dans le praticien qui l'opère.

On abrite pendant quelque temps, et lorsqu'on s'est assuré que la soudure est bien solide, on tranche la greffe jusqu'au tiers environ de son épaisseur, au-dessous de son point d'union avec le sujet ; quelques jours après un second coup de greffoir, et enfin un troisième qui sépare entièrement la greffe de son ancien tronc, qu'on laisse repousser au besoin.

Le choix des individus sur lesquels on greffe les *rhododendrum* qu'on veut multiplier n'est pas indifférent. On se sert généralement du *R. ponticum* pour le greffage de ceux d'air libre et de serre.

Boutures. Lorsque la végétation des *rhododendrum*

est achevée, que leurs jeunes pousses se sont bien
aoûtées, vers les mois de juillet et d'août, enfin, on
prépare une couche sourde sous châssis ou en bâche,
dont la chaleur moyenne soit de $12 + 0$ Réaumur.
Au lieu d'une telle couche, on peut se servir de
celle de la bâche ou de la serre chauffée par l'hydrotherme. On prépare ensuite des terrines, comme nous
l'avons dit ci-dessus à l'occasion des semis, ou de
petits godets de 3 centim. de diamètre, qu'on remplit
d'une terre de bruyère sableuse et passée au crible.
Tout étant disposé, on coupe sur les individus qu'on
veut multiplier par ce moyen un nombre arrêté d'a-
vance et calculé sur la capacité de la couche qu'on a
établie, de jeunes rameaux herbacés hauts de 10 à
12 centim. environ. La tranche doit être nette et pratiquée à l'insertion même d'un nœud. Une partie des
feuilles inférieures de ces boutures sera coupée à la
moitié de leur longueur ; puis, à l'aide d'un petit plan-
toir on enfonce, soit dans les terrines, soit dans les
godets, les boutures à une profondeur de 3 centim.,
en foulant légèrement autour d'elles pour les y
consolider. Toutes les boutures étant ainsi placées,
la terre bien nivelée et légèrement humectée, on place
le tout sous des cloches. On ombre pendant les premiers jours, même en l'absence du soleil ; puis seulement lors de la présence de cet astre sur l'horizon
on humecte de temps en temps la terre des terrines
ou des pots, en prenant garde de mouiller les feuilles.

6.

Dès qu'on aperçoit quelques signes de végétation,
on soulève les cloches au moyen d'un petit godet,
pour donner un peu d'air, qu'on retire d'abord la nuit
et qu'on laisse ensuite. On ouvre un peu les châssis
pendant le jour. Enfin, bientôt on enlève les cloches,
on laisse respirer librement l'air aux jeunes plantes
qu'on empote bientôt dans des pots proportionnés à
leur taille, et l'opération est finie.

Tel est le bouturage employé à l'égard des *rhododendrum* de serre. Celui des *rhododendrum* d'air
libre n'en diffère qu'en ce qu'au lieu d'être fait sur
couches tièdes, on peut le faire à froid sous châssis
ou même à l'air libre, sous cloche, en usant des
mêmes précautions que nous avons indiquées pour
ceux de serre.

Arrivés à cette partie de notre travail, nous devrions donner immédiatement l'énumération des espèces connues et cultivées du genre *rhododendrum*,
mais une considération importante nous engage à la
reporter ci-après, et notre considération se fonde sur
ce que les botanistes sont aujourd'hui unanimes pour
regarder les *azalea* comme formant une simple section dans le genre *rhododendrum*, et non un genre
particulier. Il est donc de notre devoir, bien que ce
petit livre n'ait aucune prétention scientifique, de
suivre l'exemple des botanistes, et tout en donnant
ici quelques notions générales sur les *azalea*, d'en

joindre les espèces et les variétés à la liste des *rhodo-dendrum* qui va suivre, et dont nous devons les considérer aussi comme section.

HISTOIRE ET CULTURE DES AZALEA.

Le genre *azalea*, tel que l'avait formé Linné, n'a pas été adopté par les botanistes modernes. Desvaux (*Journ. bot.*, t. III, p. 35, 1815) a fondé son genre *loiseleuria* sur le type qui avait servi à la création linnéenne : « plante qui croît dans les montagnes en Europe, » et avait réservé la dénomination d'*azalea* aux espèces qui croissent dans le Levant, l'Inde et l'Amérique septentrionale, et dont le faciès, les caractères génériques les éloignent en effet par leurs dissemblances.

Toutefois, à part le faciès, la diagnose caractéristique des *azalea* ne diffère réellement des *rhodo-dendrum* proprement dits que par le nombre des étamines qui est constamment de cinq au lieu de dix, comme on le voit ordinairement dans ceux-ci, et par un feuillage décidu au lieu d'être persistant ; de plus, les *azalea* de l'Inde, que Reichenbach réunissait sous la dénomination commune et générique d'*anthodendron*, participant à la fois, par leurs caractères, de l'un et de l'autre genre, venaient tout naturellement renouer le seul et fragile chaînon qui aurait pu les séparer. Celles-ci, en effet, ont presque constamment dix étamines et un feuillage persistant. Ces considérations devaient naturellement frapper l'esprit positif des botanistes actuels ; aussi, à commencer par De Candolle, qui l'avait conseillée pour celles du Levant et de l'Amérique, et qui lui-même réunit les azalées de l'Inde aux *rhododendrum*, plusieurs d'entre eux, Endlicher à leur tête, dans son *Genera Plantarum*, forme de toutes les azalées deux simples sections du genre *rhododendrum* ; la première, sous le nom d'*anthodendrum*, comprend les azalées orientales et américaines à feuilles décidues ; la seconde, sous le nom de *rhodora* (*tsutsusi*, DC.), et les azalées indiennes à feuilles persistantes.

Le célèbre botaniste allemand réserve le nom d'*azalea* proprement dit à l'espèce européenne, l'*azalea procumbens* L. (*loiseleuria* Desv.), qui elle-même diffère fort peu de ses alliées.

C'est une charmante petite plante, croissant près des neiges éternelles de nos Alpes, et plus haut même que les *rhododendrum*. Elle déguise au loin, de ses tiges grêles et couchées, la nudité d'un sol aride ou des roches grisâtres, et les anime de ses gracieuses fleurs d'un blanc rosé. Elle ressemble entièrement à un *rhododendrum* en miniature. Ses feuilles sont opposées, pétiolées, persistantes, elliptiques, glabres et roulées au bord.

La **culture des azalées** (nous continuerons de les appeler ainsi pour être plus facilement compris) d'air libre n'a rien qui doive nous occuper ici; elle ne présente aucune différence avec celle des *rhododendrum* de cette catégorie: Comme elles perdent leurs feuilles en hiver, les massifs dont elles feront partie sont au fond bien *drainés*, afin que les eaux des pluies hibernales ne séjournent pas autour de leurs racines.

Celles de serre exigent plus de précautions; on peut les sortir dès le mois d'avril, les déposer le long d'un mur, au midi, et les abriter par des paillassons pendant la nuit, en cas de gelée. Cette sortie, qui au premier abord paraît prématurée, a au contraire un grand résultat sur la santé des plantes et sur leur floraison. Restées en serre, en effet, leurs pousses s'allongent et s'étiolent, leurs fleurs avortent partiellement et se développent avec moins d'aisance et d'ampleur.

Dès que le retour des gelées n'est plus à redouter, on prépare dans le jardin, à belle exposition, des massifs [1] d'une terre de bruyère bien sablonneuse, seulement concassée et purgée des grosses racines, dans lesquels on les plante en pleine terre pour les relever à l'automne et les rentrer en serre vers la fin de septembre. Ces plantes, en effet, quoique rustiques, sont sensibles aux plus légères gelées. Atteintes par ce fléau

---

[1] Ces massifs porteront une couche de terre de bruyère profonde de 20 à 25 centimètres environ, et sera renouvelée, comme nous l'avons dit plus haut en parlant des *rhododendrum.*

de nos latitudes, sans doute elles ne périraient pas, mais leurs jeunes pousses, à peine aoûtées, seraient perdues, leurs boutons à fleurs avec elles, et la campagne suivante ne suffirait pas, malgré tous les bons soins possibles, pour leur rendre toute leur ancienne splendeur. Élevées ainsi en pleine terre et à l'air libre, les azalées acquerront une luxuriance, une vigueur remarquables.

Rentrées dans le conservatoire ou dans la serre, on pourra en enfoncer les pots en pleine terre : cette disposition satisfera l'œil en lui en déguisant la monotonie. Là, pour pouvoir fleurir au printemps, elles exigeront une grande propreté, une aérification abondante ; il faudra les visiter chaque jour pour en enlever les feuilles sèches ou gâtées ; la moindre ordure au sommet des rameaux engendrerait la pourriture des boutons. Tout en arrosant le pied, on évitera donc autant que possible d'en mouiller le feuillage sur lequel la stagnation de l'eau, sans une prompte évaporation, amènerait le mal que nous voulons prévenir. On les seringuera donc rarement, et seulement pendant les belles et riches journées (malheureusement bien rares) de l'hiver.

Les azalées de l'Inde qu'on ne se résoudra pas à planter en pleine terre, à l'air libre, seront placées à mi-ombre et à l'abri des haies ou des massifs d'arbrisseaux dont nous avons parlé plus haut. Les pots en seront enterrés, pour toujours entretenir à leur pied une légère humidité. On les arrosera fréquemment pendant les chaleurs; mais si on en remarquait le feuillage jaunir, on cesserait les arrosements, et s'il pleuvait, on en coucherait même les pots sur le sol.

Les azalées tenues en pots doivent être rempotées au moins une fois par an ou plutôt deux fois (au printemps après la floraison, à l'automne avant la rentrée), et dans des vases un peu étroits, parfaitement drainés, et dont on presse légèrement la terre, sans toutefois la fouler; car il est essentiel de ne pas laisser de vide le long des parois des pots; vides qui, en été, se remplissant de racines, en causeraient le desséchement immédiat, et fatigueraient beaucoup les plantes.

Leur multiplication se fait de graines et de boutures herbacées, absolument de la même manière et aux mêmes époques que celle des *rhododendrum*, et par les mêmes voies. Nos lecteurs devinent déjà que les semis et les boutures des azalées à feuilles caduques se font à froid en automne, mais avec un peu de chaleur au printemps; ceux des espèces à feuilles persistantes avec un peu de chaleur dans les deux saisons; qu'elles exigent de l'ombre, une légère humidité, de l'air peu à peu, selon le degré de reprise, etc. Nous n'avons donc pas à nous en occuper davantage, mais nous dirons quelques mots de leur greffage.

Greffage des azalées. Comme leurs congénères,

elles se greffent en fente , en placage, en approche. Mais comme ces divers modes, en raison de la finesse des tiges, exigent une extrême dextérité , une très-grande précision de la part du praticien, on emploie le plus ordinairement le greffage en herbe. Nous pensons avoir assez minutieusement décrit les trois premiers modes pour ne pas y revenir ici. Nous dirons seulement qu'ils se pratiquent exactement de la même manière et exigent les mêmes soins ; nous nous occuperons seulement ici du nouveau.

Le greffage en herbe ne diffère du greffage en fente qu'en ce qu'au lieu d'opérer sur des parties aoûtées, ce sont des parties entièrement herbacées qu'on met en rapport.

Il se pratique donc entièrement de la même manière. Quelques opérateurs, toutefois, au lieu de couper le sommet du sujet, se contentent de pratiquer une fente verticale dans l'aisselle d'une feuille, et d'y plonger la greffe, puis, quand la soudure est opérée, ils le suppriment définitivement. En opérant comme nous l'avons enseigné pour le greffage en fente des *rhododendrum*, on ne retirera pas de la fente du sujet une lamelle avant d'y insérer la greffe ; ici, les parties gonflées de sucs ne courent pas le risque de se déchirer à la base ; la fente sera faite perpendiculairement et tenue légèrement béante, afin de pouvoir y enfoncer complétement le nouvel être que l'ancien doit désormais sustenter.

Ce greffage peut avoir lieu à l'air libre comme en serre. Dans le premier cas, on abritera des rayons du soleil les parties nouvellement réunies qu'il dessécherait avant leur union intime, au moyen d'un simple cornet de papier ou d'une feuille d'arbre roulée à l'entour d'elles.

Comme les azalées ne redoutent pas d'être levées alors même qu'elles sont en végétation, on peut agir ainsi et les réunir, au nombre de 15 ou 20, greffées soit en fente, soit en placage, sous une cloche qu'on garantira très-exactement du soleil, à l'exception du côté opposé à celui où dardent ses rayons, afin de laisser à ces plantes, chose essentielle, toute la lumière possible, dont elles sont avides.

ÉNUMÉRATION DES ESPÈCES DE RHODODENDRUM ET D'AZALEA, CULTIVÉES DANS LES JARDINS.

§ 1er. Eurhododendrum.

Calice court, 5-lobé. Corolle campanulée. Ovaires 5-loculaires. Feuilles coriaces, persistantes.

Rhododendrum ponticum L. (Bot. Mag., t. 650). Endroits un peu humides et ombreux de l'Asie-Mineure, de l'Arménie, du Portugal, à Gibraltar, etc., etc. 1763. Fleurs pourpres. Cette espèce a fourni un grand nombre de variétés et d'hybrides à nos jardins. C'est sur elle que l'on greffe toutes les espèces d'air libre.

Rhododendrum maximum L. (Bot. Mag., t. 951). Canada, Caroline; le long des ruisseaux et des lacs. 1736. Fleurs pourpres. Cette espèce donne quelques variétés. Elle sert souvent de sujet pour en greffer d'autres; mais, dans ce but, on lui préfère la première. Il en existe une superbe variété à fleurs blanches, introduite en 1811.

— *purpureum* G. Don. Montagnes de la Virginie, de la Caroline; sur le bord des lacs. Fleurs pourpres.

— *catawbiense* Michx. (Bot. Mag., t. 1671). Sur les montagnes élevées de la Caroline, près de la source du Catawba; Virginie. 1809. Fleurs d'un rouge vif. A fourni beaucoup de variétés et sert à en greffer d'autres.

— *chrysanthum* Pall. (Fl. Ross., t. 30). Daourie, Kamtchatka, Sibérie; dans les endroits élevés les plus froids. 1796. Fleurs jaunes.

— *caucasicum* Pall. (Fl. Ross., t. 31). Auprès des neiges éternelles, sur le Caucase. 1803. Fleurs roses en dehors et blanches en dedans. Plusieurs variétés.

— *Catesbyi* (et non *Catesbœi*). Amérique du Nord. Fleurs roses.

— *punctatum* Andr. (Bot. Rep., t. 36). Montagnes de la Caroline supérieure, près de la source du Savannah. 1786. Fleurs lilas. Plusieurs variétés.

— *ferrugineum* L. (Jacq. Aust., t. 255). Alpes de l'Autriche, Jura, Provence, Pyrénées. 1752. Fleurs roses. Variété à fleurs blanches.

— *hirsutum* L. (Bot. Mag., t. 1853). Autriche, Alpes du Valais, du Dauphiné. 1656. Fleurs roses.

— *setosum* D. Don. Népaul. 1820. Fleurs pourpres.

— *lapponicum* Wahlenb. (Bot. Mag., t. 3106). Laponie, Groenland, Labrador: les montagnes Rocheuses. 1827.

— *dahuricum* L. (Bot. Mag., t. 636). Daourie, Sibérie; le long des fleuves; déserts de la Mongolie. 1780. Fleurs rouges. Plusieurs variétés.

— *lepidotum* Wall. (Royle Illust., t. 64). Népaul; montagnes élevées. 1829. Fleurs d'un rose vif.

§ 2. **Buramia.**

Calice 5-lobé. Corolle campanulée. Étamines 8-10.
Autant d'ovaires. Feuilles coriaces persistantes.

Rhododendrum arboreum Smith. (Brit. Fl. Gard., t. 250). Chaîne de
l'Hymalaya. 1817. Fleurs écarlates. A fourni un très-grand
nombre de variétés et d'hybrides ; une des premières à fleurs
blanches ; sert également à greffer.

— *campanulatum* D. Don. (Bot. Cab., t. 1944). Indes orientales ;
monts Kamaon et Emodus (Népaul). 1824. Fleurs lilas. Beaucoup de variétés.

— *cinnamomeum* Lindl. (Bot. Reg., t. 1982). Népaul. Paraît distinct du *R. arboreum.* 1826. Fleurs blanches mouchetées de
pourpre et de jaune (roses selon Don ; Sweet, Hort. Brit.).

barbatum D. Don. Népaul. 1837. Fleurs d'un rouge vif : pétioles
et nervures médianes séteux.

§ 3. **Pogonanthera.**

Corolle hypocratérimorphe, à tube cylindrique, velu
en dedans au sommet. Étamines 10, incluses. Ovaires
5-loculaires. Feuilles persistantes.

Rhododendrum anthopogon D. Don. (Royle Illust., t. 164). Népaul,
Kamaon. 1824. Fleurs roses.

§ 4. **Chamæcistus.**

Corolle rosacée. Étamines 10. Ovaires 5-loculaires.
Feuilles petites, membraneuses.

Rhododendrum kamtchatkaticum Pall. (Fl. Ross., t. 33). Kamtchatka ; îles aleutiennes ; dans les tourbières. 1802. Fleurs pourpres, ponctuées de noir en dedans.

— *Chamæcistus* L. (Bot. Mag , t. 488). Europe centrale. 1786.
Fleurs lilas.

§ 5. **Tsutsusi** (Azalea , Hortul.).

Corolle campanulée. Étamines 10 (5-9). Ovaires 5 - loculaires. Feuilles membranacées, persistantes, hispides.

Rhododendrum indicum Sweet. (Br. Fl. Gard., s. 2 , t. 128). Java , autour de Batavia; Chine. 1808. Fleurs variables. *Azalea indica*, L. Azalée de l'Inde des jardiniers. A produit une foule de variétés et d'hydrides plus magnifiques les unes que les autres.

— *macranthum* D. Don. (Br. Fl. Gard., s. 2 , t. 261). Japon. 1833. Fleurs roses. *Azalea indica lateritia* (Bot. Reg., t. 1700).

— *reticulatum* D. Don. Japon. 1833. Fleurs rouges.

— *Farreræ* D. Don. Chine, 1829. Fleurs lilas.

— *phœniceum* D. Don. (Bot. Mag., t. 3239). Chine, Japon. 1824. Fleurs cramoisies. *Azalea ledifolia*, **B.** *phœnicœa* (Bot. Mag.). Plusieurs variétés.

— *ledifolium* DC. (Bot. Reg., t. 811). Chine. 1819. Fleurs blanches.

— *decumbens* G. Don. Chine. 1823. Fleurs cramoisies.

— *sinense* Sweet. (Bot. Cab., t. 885). Chine. 1824. Fleurs jaunes. Plusieurs variétés à fleurs ignées.

§ 6. **Azalea** (Azalées vraies).

Corolle infundibuliforme. Étamines 5. Ovaires 5-loculaires. Feuilles décidues.

Rhododendrum flavum G. Don. (Bot. Mag., t. 433). Arménie, Ibérie Le Pont. 1793. *Azalea pontica* L. Beaucoup de variétés. Fleurs jaunes, à odeur de chèvrefeuille.

— *nudiflorum* Torr. (Herb. Amat., t. 213). Canada , Géorgie. 1734 Fleurs variables. C'est le type d'un nombre immense de variétés et d'hybrides, à fleurs régulières ou monstrueuses qui ornent nos jardins. On en énumère plus de 150. (*Azalea nudiflora.*)

— *viscosum* Torr. (Meerb. Ic., t. 9). Canada. Caroline. 1734. Fleurs blanches. Quelques variétés. (*Azalea viscosa.*)

— *calendulaceum* Michx. (Bot. Cab., t. 1394). Virginie, Caroline 1806. Fleurs jaunes. Beaucoup de variétés. (*Azalea calendulacea.*)

Rhododendrum arborescens Torr. Amérique du Nord, Pensylvanie ;
montagnes Bleues ; le long des ruisseaux. 1818. Fleurs rouges.
(*Azalea arborescens.*)

— *nitidum* Torr. (Bot. Reg., t. 414). Endroits marécageux de la
Virginie et de la Pensylvanie. 1812. Fleurs rouges et blanches.
(*Azalea nitida.*)

— *bicolor* G. Don. (Trew. Ehret., t. 48). Collines sableuses et
stériles de la Caroline et de la Virginie. 1784. Fleurs d'un rose
pâle, à tube d'un rouge foncé. (*Azalea bicolor.*)

— *glaucum* G. Don. (Dendr. Brit., t. 5). Nouvelle-Angleterre ; Virginie. 1784. Fleurs blanches, odorantes. (*Azalea glauca.*)

— *hispidum* Torr. (Dendr. Brit., t. 6). Pensylvanie. 1784. Fleurs
blanches, bordées de rouge, à tube rougeâtre. (*Azalea hispida.*)

— *canescens* G. Don. (Dendr. Brit., t. 116). Le long des ruisseaux
dans la Caroline. 1812. Fleurs roses. (*Azalea canescens.*)

— *speciosum* G. Don. (Bot. Cab., t. 624). Amérique boréale ; type
dans nos jardins d'une foule de variétés et d'hybrides super-
bes. Fleurs variables. (*Azalea speciosa.*)

— *albiflorum* Hook. (Bot. Mag., t. 3670). 1837. Fleurs blanches.
(*Azalea albiflora.*)

§ 7. **Rhodora.**

Corolle bilabiée ; lèvre supérieure 2-3-lobée , plus
grande ; l'inférieure bidentée. Étamines 10. Capsules
5-loculaires. Feuilles décidues.

Rhododendrum rhodora G. Don. (Bot. Mag., t. 474). Canada. 1767.
Fleurs rosées , préfoliaires (*Rhodora Canadensis* L.).

PLANTES DE DIVERS GENRES.

AVERTISSEMENT.

La culture des plantes de serre froide est, à peu d'exceptions près, et nous les signalerons avec soin, générale et uniforme pour toutes. Une douce chaleur en hiver, un abri frais en été, des arrosements modérés, une terre légère et cependant substantielle : tels sont leurs besoins ; un feuillage léger, délicat, simple ou composé, des fleurs élégantes et fort nombreuses, s'épanouissant dès les premiers jours du printemps, et souvent agréablement odorantes : tels sont leurs agréments. Aussi la facilité, la commodité de leur culture, les attraits qu'elles présentent ont-ils depuis bien longtemps séduit le plus grand nombre des amateurs.

Nous regrettons que les bornes du petit livre que nous écrivons nous empêchent de passer en revue toutes les gracieuses plantes que l'on peut rassembler dans une serre froide ; mais nous espérons que de la clarté et de la simplicité de nos préceptes, un amateur sagace tirera les lumières qui lui seront nécessaires pour cultiver ces plantes *en masse*, sinon de la manière la plus brillante, la plus heureuse, du moins avec assez de succès pour le faire persévérer et chercher lui-même à atteindre une plus grande perfection.

HISTOIRE DES *ACACIA*.

La plupart des *acacia* sont remarquables par la grâce

et souvent l'étrangeté de leurs formes (c'est-à-dire, par un feuillage tantôt sec, aride, anormal, tantôt vraiment aérien, en raison de la multitude des folioles qui composent les pinnules de leurs feuilles 1 à 30 fois pennées); par l'abondance et la suave odeur de leurs fleurs, la dureté de leur bois dont les arts tirent un grand parti, et les gommes précieuses [1] que leur empruntent l'économie et la thérapeutique. Ce simple exposé peut faire juger de l'immense intérêt que doivent inspirer ces plantes à tous les botanistes, à tous les horticulteurs.

La science en a enregistré plus de 400 espèces, comme distinctes ; les deux tiers appartiennent, par moitié environ, à la Nouvelle-Hollande et à l'Amérique méridionale ; l'autre tiers est disséminé, partie environ, dans toute l'Afrique, surtout dans sa région tropicale, et partie dans l'Asie équatoriale.

Les espèces d'*acacia* qui, sous notre climat, peuvent être conservées pendant l'hiver en serre froide, sont, en général, celles de la Nouvelle-Hollande, que l'on distingue au premier coup d'œil par leur facies tout particulier, étrange, et cependant toujours intéressant. En effet, dans ces plantes, les pétioles des feuilles sont considérablement dilatés, plans, entièrement foliacés, terminés, lors de la première jeunesse de la plante seulement, par des feuilles ordinairement

[1] La plus commune est la gomme arabique, dont la médecine surtout tire un grand parti.

bi ou quadripennées (feuilles primordiales). Bientôt la plante s'élève ; les feuilles tombent ; il n'en reparaît plus d'autres, les pétioles prennent plus d'accroissement en longueur et en largeur, et semblent de véritables feuilles. M. De Candolle, le premier, a donné à ces apparences de feuilles le nom justement expressif de *phyllodes*. Il faut voir réunis sous les yeux un grand nombre d'*acacia*, afin de juger combien la nature est inépuisable et féconde pour avoir diversifié à l'infini la forme de ces phyllodes selon chaque espèce, de manière à ce que la personne la moins expérimentée puisse facilement les distinguer les unes des autres au premier aspect.

La forme de ces pétioles ou phyllodes n'est cependant, en général, qu'une ellipse plus ou moins courte, plus ou moins allongée, modifiée dans tous les sens à l'une de ses extrémités ou à l'un de ses côtés, etc., etc.

Un petit nombre d'autres *acacia* de serre tempérée ont des feuilles normales, pluri ou multi-pennées, dont la grâce, la légèreté, les ont fait avec justesse comparer à des plumes.

Dans ces espèces, les fleurs ressemblent à des houppes, à des aigrettes de soie, et répondent, par leur élégance, à la beauté du feuillage. Nous en citerons quelques-unes. Dans celles dont la feuille est réduite à un pétiole dilaté, les fleurs sont beaucoup plus nombreuses, mais plus petites, en forme de pompons, et disposées ordinairement le long d'un rachis, ou rarement solitaires. Dans le premier cas, on les dit capitées-racémeuses.

Caractères génériques.

Acacia Neck. Fleurs polygames, hermaphrodites et mâles. Calyce turbiné, urcéolé ou campanulé, 4-5-denté. Corolle hypogyne, infundibuliforme ou turbinée, ou tubulée-campanulée, à limbe 4-5-fide, dont les lacinies égales, à estivation valvaire. Étamines 10 ou plus nombreuses, exsertes, insérées à la base de la corolle ou sur le support de l'ovaire ; filaments capillaires, libres ou monadelphes à l'extrême base ; anthères biloculaires, longitudinalement déhiscentes. Ovaire sessile ou capité. Style filiforme, stigmate simple, ou infundibuliforme-capité. Légume continu, sec, bivalve. Graines nombreuses, ovées-oblongues. Embryon exalbumineux.

Ce genre renferme des arbres ou rarement des arbrisseaux, inermes ou très-souvent armés d'aiguillons stipulaires, croissant dans toutes les régions tropicales ou subtropicales du globe, et très-abondamment dans la Nouvelle-Hollande ; à feuilles alternes, doublement paripennées; ou (les folioles avortant), faussement simples, à pétiole phyllodiné-dilaté ; à fleurs blanches, rosées, ou souvent jaunes, disposées en épis denses ou capités.—Les nombreuses espèces qui le composent ont été réparties en deux sous-genres , comme on le verra ci-après. Il est probable qu'une étude plus approfondie obligera d'établir parmi ces plantes des divisions plus nombreuses, et probablement d'y constituer des genres nouveaux.

ÉNUMÉRATION DES ESPÈCES LE PLUS ORDINAIREMENT CULTIVÉES EN FRANCE [1] DANS LES SERRES FROIDES.

SOUS-GENRE. **Rhacosperma** Mart.

§ 1er. Feuilles abortives. Pétioles phyllodinés. Toutes de la Nouvelle-Hollande et à fleurs jaunes.

A. Capitules solitaires ou géminés globuleux.

Acacia alata R. Br. (Bot. Reg., t. 396). 1803. Rameaux ailés. Phyllodes décurrents. Capitules solitaires géminés.

— *decipiens* R. Br. (Bot. Mag., t. 1475). 1803. Phyllodes triangulaires ou trapézoïdes (*A. dolabriformis*, Coll.).

— *armata* R. Br. (Bot. Mag., t. 1653). Phyllodes ovales-lancéolés, légumes veloutés.

— *undulata* Willd. (Bot. Reg., t. 843). 1818. Phyllodes lancéolés-oblongs (*A. paradoxa*, DC.).

[1] On serait dans l'erreur, si l'on inférait de cette assertion que les espèces non citées dans cette liste présentent moins d'intérêt que celles qui le sont. Il est, au contraire, à regretter que nos serres n'en renferment pas un plus grand nombre. On se rappelle que nous avons déclaré plus de 400 espèces distinctes d'*Acacia*. Eh bien , il en reste probablement beaucoup encore à découvrir. Sweet, dans son *Hortus*, en cite 226 espèces comme cultivées en Angleterre.

Acacia juniperina Willd. (Vent. Malm., t. 64). Phyllodes linéaires , subulés , piquants (*Mimosa ilicifolia* Wendl.).

— *diffusa* Ker (Bot. Reg., t. 634). Phyllodes linéaires. Capitules sub-géminés (*Acacia prostrata* Lodd.). 1822.

— *saligna* Wendl. (Labill. Nlle.- Holl., t. 235). Port Jackson , 1820. Van-Diémen. Phyllodes linéaires, atténués aux deux extrémités.

— *stricta* Willd. (Bot. Mag., t. 1121). 1790. Phyllodes linéaires, atténués à la base , arrondis au sommet. Capitules géminés (*Mimosa suaveolens* Desf.).

— *dodonæifolia* Willd. (Wendl. Diss., t. 7). 1818. Phyllodes linéaires-lancéolés, subfalciformes , dentelés. Capitules géminés. Jeunes pousses visqueuses (*A. viscosa* Wendl.).

— *calamifolia* Sweet. (Bot. Reg., t. 839). 1822. Phyllodes filiformes, tétragones, courbés au sommet , très-allongés , pendants. Capitules solitaires.

— *rotundifolia* Hook. (Bot. Mag., t. 4041). 1842. Phyllodes très-courts, très-petits , arrondis , rétus-mucronés. (Charmante espèce.)

— *platyptera* Graham (Bot. Mag., t. 3933). 1840. Phyllodes bifariés-décurrents, poilus , recourbés-mucronés au sommet ; rameaux tout à fait ailés.

— *diptera* Lindl. (Bot. Mag., t. 3939). 1840. Phyllodes obsolètes , bifariés-décurrents ; rameaux ailés. Capitules solitaires, opposés.

B. Capitules racémeux.

Acacia falcata Wendl. (Bot. Cab., t. 1115). 1790. Phyllodes oblongs , falciformes. Capitules nombreux , rapprochés.

— *penninervis* DC. (Bot. Mag., t. 2754). 1822. Phyllodes oblongs , falciformes. (*A. impressa* Lodd.) Fleurs blanches.

— *melanoxylon* R. Br. (Bot. Mag., t. 1659). 1808. Phyllodes oblongs-lancéolés, obtus. Capitules distants, quelquefois solitaires. (*A. latifolia* Desf.)

— *heterophylla* Willd. Îles de France et de Bourbon. 1820. Phyllodes linéaires, rétrécis aux deux extrémités, subfalciformes , quelquefois feuillés. Capitules distants.

Acacia amœna Wendl. (Diss., t. 8). 1824. Phyllodes oblongs, fortement rétrécis à la base. Capitules serrés.

— *myrtifolia* Willd. (Bot. Mag., t. 302). 1789. Phyllodes oblongs-lancéolés, très-rétrécis à la base. Capitules pauciflores.

— *vestita* R. Br. (Bot. Reg., t. 698). 1820. Phyllodes subelliptiques-lancéolés, velus. Racèmes lâches.

— *marginata* Wendl. (Diss., t. 5). Phyllodes lancéolés. Capitules pauciflores, très-voisin de l'*A. myrtifolia*. 1803.

— *suaveolens* Willd., non Desf. (Bot. Cab., t. 730). 1799. Phyllodes linéaires. Capitules multiflores.

— *linifolia* Willd. (Vent. Hort. Cels., t. 2). Phyllodes presque fili-formes. Capitules multiflores. 1790.

— *glaucophylla* Lem. (Herb. génér. Amat., t. II, 2ᵉ sér.; Hort. univ., II, 234). 1838. Phyllodes semi-rhomboïdes ou subdeltoïdes, sub-décurrents. Distinct de l'*A. cultriformis*.

— *cultriformis* A. Cunn. Phyllodes falciformes, ovés-oblongs ou subtriangulaires. Racèmes multi-capitulés. 1826.

— *oleæfolia* A. Cunn. Phyllodes obliquement ovés ou elliptiques. Racèmes multicapités. Capitules 4-8-flores. (Bot. Reg., t. 1332.) 1823.

— *lunata* Sieber (Bot. Reg., t. 1352). Van-Diémen. 1816. Phyllodes falciformes-oblongs. Capitules 4-6-flores. (*A. brevifolia* Lindl. l. c., t. 1285.)

— *cyanophylla* Lindl. Swan-River, 18..? Phyllodes, très-longuement oblongs ou les sommaires linéaires subfalciformes. Racèmes oligocéphales, courts.

C. Capitules épiés (épi cylindrique).

Acacia oxycedrus DC (Sweet. Austral., t. 6). 1824. Phyllodes épais ou subverticillés, lancéolés-linéaires. Racèmes grêles.

— *verticillata* Willd. (Bot. Mag., t. 110). Nouvelle-Hollande et Van-Diémen. Rameaux velus. Phyllodes linéaires, subulés, pi-quants. Épis solitaires, oblongs.

— *linearis* Ker. (Bot. Cab., t. 2156). 1812. Phyllodes très-linéaires, très-allongés; épis fasciculés, quelquefois ramifiés. (*A. longis-sima* Wendl.)

— *mucronata* Willd. (Bot. Mag., t. 2747. Phyllodes linéaires spathulés, arrondis au sommet ; épis simples, souvent solitaires. Fleurs blanches. 1812.

Acacia floribunda Willd. (Vent. Malm., t. 13). 1796. Phyllodes linéaires, lancéolés, atténués aux deux extrémités ; épis solitaires ou géminés. Fleurs blanches.

— *longifolia* Willd. (Vent. Malm., t. 62). 1792. Phyllodes lancéolés ; épis géminés.

— *longissima* Link. (Bot. Reg., t. 680). 1812. Phyllodes étroitement linéaires, subfalciformes ; épis solitaires ou géminés. Fleurs blanchâtres.

— *glaucescens* Willd. (Hort. Ber., t. 101). 1790. Phyllodes oblongs, subfalciformes ; épis solitaires.

— *dentifera* Benth. (Bot. Mag., t. 4032). 1840. Phyllodes allongés, linéaires-lancéolés, falciformes, très-aigus. Racèmes multiflores. (Magnifique espèce.)

— *Sophoræ* R. Br. (Labill. Nov.-Holl., t. 237). Van-Diémen. 1805. Phyllodes obovales-oblongs ou lancéolés. Rameaux veloutés. Épis subgéminés.

— *holosericea* A. Cunn. (Hook. Ic., t. 108). Port Keatts ; golfe Cambridge. 1822. Rameaux triquètres. Phyllodes amples, obliquement ovés-oblongs, dimidiés-cunéiformes à la base.

— *latifolia* Benth. Rameaux triquètres. Phyllodes obliquement ovés-rhomboïdes ou subfalciformes, subdécurrents, subcunéiformes à la base.

§ 2. **Acacia**, Endlich (*Mimosa* Auct.).

Feuilles pennées-1-pluri-juguées.

Acacia dealbata Link. (Bot. Cab., t. 1928). Van-Diémen. 1818. Pennes 10-20-juguées : folioles 30-40-juguées. (*A. decurrens* β. *mollis*, Bot. Reg., t. 371.)

— *cardiophylla* A. Cunn. 18 . . . Pennes 12-15-juguées ; folioles 6-10-juguées. Fleurs pubérules.

— *pubescens* R. Br. (Vent. Hort. malm., t. 21). 1790. Pennes 3-10-juguées ; folioles 6-18-juguées.

— *pentadenia* Lindl. (Bot. Reg., t. 1521). Pennes 3-5-juguées ; folioles 20-30-juguées. 1830.

8

Acacia nigricans R. Br. (Bot. Mag., t. 2188). Détroit du roi Georges. 1803. Pennes 1-2-juguées ; folioles 5-7-juguées.

— *pulchella* R. Br. (Bot. Cab., t. 212). Swan-River. 1803. Pennes uni-juguées ; folioles 4-7-juguées.

Les *acacia lophanta* Willd., *Julibrissin* Willd., *Lebbek* Willd., etc., cultivés dans les jardins, le dernier à l'air libre, appartiennent au nouveau genre *albizzia* Durraz (*Lond. Journ. of Bot.*, t. 527).

Quelques autres espèces, citées en outre dans les catalogues marchands, sont ou la plupart douteuses ou encore indéterminées.

CULTURE.

Les *Acacia* [1] de la Nouvelle-Hollande, de Van-Diemen, et ce sont en général, comme on a pu le voir par notre liste, ceux que l'on cultive en serre froide (les autres espèces appartenant presque toutes aux pays chauds), ont le mérite bien grand, aux yeux des amateurs, de fleurir en profusion avant même que les frimas aient entièrement abandonné nos contrées. Quelques-unes commencent même à boutonner dès les mois de décembre et de janvier.

Nous avons vanté, en commençant cet article, l'élégante singularité de leur feuillage, le nombre im-

---

1 Il n'est peut-être pas inutile de rappeler ici que le bel arbre désormais naturalisé ou acclimaté, comme on voudra, dans nos bois, et nos parcs, auquel on donne improprement le nom d'*Acacia*, n'appartient pas à ce genre ; son véritable nom est *Robinia pseud-acacia*.

mense, la suave odeur (dans beaucoup d'espèces) et la disposition gracieuse de leurs fleurs, blanches, rouges, ou le plus ordinairement jaunes, réunies en boules, hérissées de longues étamines et attachées sur de longs rachis dressés ou pendants, assez rarement solitaires.

Rien de plus frappant au milieu des massifs que ces arbres élancés aux longs rameaux sarmenteux ou pendants, tranchant par le glauque prononcé de leurs phyllodes avec le vert brillant ou sombre des *magnolia*, des *eucalyptus*, des *rhododendrum*, etc.

Plantés en pleine terre les *acacia* ne demandent pas de soins particuliers; on les maintiendra, au moyen de tuteurs, pendant leur jeunesse, pour leur faire acquérir un port agréable; on en élaguera au besoin les rameaux inutiles ou gênants, et on ne leur ménagera, dans la saison favorable, ni les arrosements ni les bassinages. Le sol dans lequel on les plantera peut être formé en terre de bruyères pure ou mélangée par parties égales de celle-ci, de terre franche normale et de terreau de couche; on lui donnera la profondeur d'un mètre environ : et tous les deux ou trois ans on en renouvellera la surface, comme nous l'avons déjà recommandé dans d'autres cas.

Mais si leur culture n'offre aucune difficulté, il n'en est pas de même de leur multiplication artificielle, qui en général est assez rebelle et exige beaucoup de précautions.

Le semis de leurs graines (ou multiplication natu-
relle) doit avoir lieu aussitôt après leur récolte, afin
de ne pas laisser à l'amande le temps de *rancir*, circonstance toute particulière aux amandes des légumi-
neuses et qui en détruit les facultés germinatives. Ce
semis aura donc lieu en terrines, sur couche tiède
et sous cloches, en usant d'ailleurs de tous les moyens
protecteurs dont nous avons déjà parlé.

Le séparage du jeune plant, son éducation ulté-
rieure, n'ont pas besoin non plus de commentaires,
et ne diffèrent en rien de ceux des *rhododendrum* et
des azalées de l'Inde.

Leur *multiplication artificielle* demande quelques
développements, dans lesque's nous allons entrer.

On peut les propager par boutures et par marcottes.
Le premier moyen réussit assez difficilement. Après
le premier aoûtement des jeunes pousses, vers les
mois d'avril ou de mai, on coupera des rameaux encore tendres de 6 à 10 centimètres de longueur; on
en enfoncera la base dans de très-petits godets remplis d'un sable blanc bien pur; on réunira autant de
godets sous une cloche qu'elle en pourra contenir,
en les plongeant dans une couche de 15 à 20 degrés
dont la chaleur puisse être égale et de longue durée.
Leur entretien sous cloches, leur *aérification*, leur
séparage, etc., toutes ces opérations demandent les
mêmes soins que ceux que nous avons précédemment
indiqués pour les boutures d'azalées et de *rhododen-*

drum. Toutefois ici, lors du premier empotement, on substituera une bonne terre de bruyères sableuse et légère au sable employé pour le bouturage.

Le mode de propagation le plus employé, après les semis, est le *marcottage*. C'est, en effet, celui qui réussit le mieux, malgré le temps quelquefois fort long que les marcottes exigent pour leur parfaite radification.

Il se pratique de diverses manières, par strangulation, par circoncision et par incision. En outre, le marcottage est établi rez-terre (en pleine terre), ou suspendu. La première manière est la plus commode, quand elle est praticable.

Et dans ce cas, l'arbrisseau dont on veut marcotter les rameaux est incliné vers le sol autant que possible, jusqu'à ce qu'il menace de se rompre, et on le fixe dans cette position par des fourchettes ou crochets en bois, ou des tuteurs. On abaisse ensuite avec précaution les jeunes rameaux (bois de l'année), qu'on enfonce, après leur avoir fait subir l'opération dont nous parlerons plus bas, et les avoir dépouillés de feuilles dans toute la partie qui doit rester enfouie ; qu'on enfonce, disons-nous, dans le sol, à 3 ou 4 centimètres de profondeur environ, en les fixant par les mêmes moyens que la tige-mère ; on redresse ensuite, autant que possible, la marcotte terminale, qu'au besoin on lie légèrement à un petit tuteur pour lui donner plus tard une bonne direction ; on recouvre la petite fosse de terre qu'on fixe légèrement au-dessus de la marcotte, et l'opération est terminée.

Les soins à donner par la suite consistent à ombrer constamment dans les premiers temps, et à ne mouiller que lorsque la terre en éprouve réellement le besoin; on se contente, autrement, de donner aux feuilles un léger bassinage soir et matin pendant les chaleurs.

On entend par marcottage suspendu celui qui se pratique dans des pots dits à marcottes (fendus de côté pour y introduire la branche)[1], ou dans un terre-plein qu'on établit autour de l'arbre, moyen excellent et trop peu utilisé chez les fleuristes.

Dans le premier cas, les pots à marcottes sont attachés à l'arbuste ou fixés à l'entour de lui par des tuteurs dont l'extrémité inférieure est solidement plongée dans le sol; toute la partie enterrée du rameau est préalablement, comme toujours, dégarnie de feuilles. Ici les arrosements peuvent être pratiqués, mais avec discrétion et de manière à entretenir seulement une légère humidité à la base du rameau cachée dans le vase. Dans le second cas, on pratique à l'entour de l'arbuste, avec des douves de tonneau, une sorte d'encaissement circulaire, qu'on remplit

---

[1] Ces pots doivent être en terre cuite : matière bien préférable ici au verre; lequel, tout en conservant l'humidité, permet néanmoins à travers ses parois, une prompte dessiccation de la terre. Quand on veut absolument se servir de vases en verre, il est bon, alors, d'obvier à l'inconvénient que nous signalons, en les enveloppant de mousse, de paille ou de toile.

de terre et dont le fond est bien draîné ; les rameaux ensuite sont courbés et fixés sur la terre avec les mêmes précautions que celles que nous avons indiquées pour le marcottage à rez-terre. La différence entre le marcottage en pots et celui en pleine terre consiste en ce que sur celui-là on opère sur du bois de deux ou trois ans, et dans celui-ci sur du bois de l'année. Le premier exige trois ou quatre mois pour sa radification complète, et le second quelquefois plus d'un an.

Lorsque tout est préparé pour les divers genres de marcottage que nous venons de décrire, une opération essentielle doit être exécutée avant de plonger en terre les jeunes rameaux : préparation qui seule peut en assurer ou du moins en avancer la radification. Cette opération, avons-nous dit tout à l'heure, est ou la *strangulation*, ou la *circoncision*, ou l'*incision*. Le choix de ces moyens n'est pas tout à fait indifférent; la sagacité du cultivateur et les circonstances en décideront.

La *strangulation* consiste à entourer la marcotte, immédiatement au-dessus de la partie destinée à produire des racines, d'un fil de laiton ou de fer, disposé sur un ou deux rangs et serré de manière à pratiquer un léger étranglement de l'écorce et de l'aubier.

La *circoncision*, qui, ainsi que l'opération précédente et que la suivante, doit se faire au même point du rameau, consiste dans l'enlèvement d'un anneau d'écorce, en ayant soin que le scalpel pénètre jusqu'à l'aubier, mais sans l'entamer.

L'incision, au contraire, est une section qui pénètre horizontalement jusqu'au milieu de la jeune branche, s'arrête, ou se prolonge ensuite quelque peu verticalement pour permettre à celle-ci une courbure plus ou moins prononcée, et la faire se prêter à une bonne direction.

Ce dernier moyen est assez chanceux; il amène souvent, malgré toutes précautions, la pourriture de la marcotte. Il faut donc en user le moins souvent possible.

HISTOIRE ET CARACTÈRES GÉNÉRIQUES DES *EPACRIS*.

C'est véritablement une bonne fortune pour un auteur de n'avoir à entretenir sans cesse ses lecteurs que de plantes toutes plus belles, plus élégantes les unes que les autres. Aussi, après avoir passé en revue les rhododendrum, les azalées, les acacia, éprouvons-nous un véritable plaisir d'avoir encore à mettre sous leurs yeux les épacrides et les bruyères (*erica*).

C'est qu'à côté du large et sombre feuillage des **rhododendrum**, des touffes jaunâtres ou rougeâtres des **azalées**, à l'ombre des *acacia* élancés, les tiges flexibles et grêles, le délicat feuillage des épacrides et des bruyères présenteront un aspect et un contraste vraiment harmonieux; les fleurs tubuleuses des premières, d'un coloris vif et brillant, leur grand nombre et leur disposition terminale en longs épis allongés, formeront une agréable opposition aux amples fleurs des rosages et des azalées.

Le genre *epacris* a été fondé dans le principe par Forster ; mais depuis, toutes les espèces qu'il y avait réunies ont été reportées dans d'autres genres. Celui qui existe aujourd'hui sous ce nom est dû à Smith (*Exot. bot.* 1) et à Labillardière (*Nouvelle - Hollande*, 1). En voici la diagnose :

Epacris Smith Calice quinquéparti, coloré, multibractéolé. Corolle hypogyne, tubuleuse ; limbe quinquéparti, étalé, imberbe. Étamines 5, incluses ou plus rarement exsertes, insérées au tube de la corolle ; filaments filiformes, à anthères peltées au-dessus de la partie médiane. Squamules hypogynes 5 ; ovaire quinquéloculaire à loges multiovulées ; style simple, stigmate obtus ; capsule quinquéloculaire, dont les placentaires adnés à une colonne centrale ; graines nombreuses.

Ce genre, selon quelques auteurs, est le type de la famille des Epacridacées ; selon d'autres, cette famille elle - même doit être réunie à celle des Ericacées, dont elle ne diffère réellement que par la structure des anthères dans les plantes qu'elle renferme : anthères qui sont uniloculaires et exappendiculées. Cette considération, en ce qui regarde la fondation d'une famille, paraît un peu futile, quand on sait que certains genres d'Ericacées ont également des anthères dépourvues d'appendices; reste donc le caractère des deux loges au lieu d'une, et qui ne nous semble pas devoir arrêter sérieusement l'observateur. Aussi, bien qu'Endlicher et Meissner (dans leurs *Genera Plantarum*), séduits par l'autorité de R. Brown, aient également séparé les Epacridacées des Éricacées, persistons-nous à penser qu'il serait opportun de n'en faire qu'une famille. Il vaut mieux, dans les sciences naturelles, savoir restreindre quand cela est possible que d'étendre sans mesure, comme on l'a fait surtout dans les derniers temps.

Les épacrides sont des arbustes ou à peine des arbrisseaux, croissant communément dans la Nouvelle-Hollande ou assez rarement dans la Nouvelle-Zélande. Ils sont glabres ou assez ordinairement tomenteux aux extrémités pendant la jeunesse. Leurs feuilles sont éparses, très-brièvement pétiolées ou sessiles; les fleurs axillaires, blanches, roses ou pourpres, rapprochées en longs épis feuillés.

On compte à peine vingt-cinq à trente espèces d'épacrides dans les herbiers, et dont une vingtaine environ ont été introduites dans les cultures, où on les recherche avec empressement pour l'ornement des serres tempérées. Voici celles qui sont le plus communément cultivées en Europe.

ÉNUMÉRATION DES ÉPACRIDES CULTIVÉES DANS NOS SERRES.

†. *Feuilles cordées.*

Epacris purpurascens R. Br. (Bot. Mag., t. 844). Nouvelle-Hollande orientale. 1803. Feuilles sessiles, subcordées, cucullées, très-acuminées. Corolles roses ou rosées. (*Ep. pungens* Sims, B. M. l. c.). Plusieurs variétés.

— *pulchella* Cav. (Bot. cab., t. 170). Nouvelle-Hollande, port Jackson. 1804. Feuilles sessiles, cordées, concaviuscules, acuminées. Fleurs blanches ou rosées en dessous.

— *microphylla* R. Br. (Bot. Mag. 3658). Nouvelle-Hollande, port Jackson. 1817. Feuilles sessiles, cordées, cucullées, aiguës, dressées, puis étalées et enfin réfléchies. Fleurs blanches.

— *apiculata* Cunn. Nouvelle-Cambridge. 1823. Rameaux veloutés; feuilles sessiles, cucullées, poilues, auriculées à la base, sub-acuminées. Fleurs blanches.

— *campanulata* Lodd. (Bot. Cab., t. 1925 et 1931). Van-Diemen, Nouvelle-Hollande, 1823. Feuilles pétiolées, ovées, subcordées, acuminées, planes, étalées-réfléchies. Fleurs rouges ou blanches.

— *grandiflora* Willd. et Sims (Bot. Mag., t. 982). 1803. Feuilles pétiolées, cordées ou subovées, acuminées. Corolles cramoisies à la base, blanchâtres au sommet, ramules velus (*E. longiflora* Cav.)

††. *Feuilles non-cordées.*

— *ruscifolia* R. Br. Van-Diemen, détroit de Bass. 1824. Feuilles elliptiques-lancéolées, acuminées, très-brièvement pétiolées, étalées, rigides. Fleurs blanches.

— *impressa* Labill. (Bot. Mag., t. 3407). Nouvelle-Hollande, Van-Diemen. Ramules veloutés. Feuilles sessiles, lancéolées, atténuées-acuminées. Fleurs subpendantes, roses. Variété, *parviflora* à fleurs pourpres. Bot. Reg. Nouvelle sér. 3, t. 19.

— *ceraflora* Grah. (Bot. Mag., t. 3243 . Van-Diemen. 1831. Ramules tomenteux, feuilles lancéolées-acuminées, mucronées. Fleurs blanches.

Epacris nivea DC. (Bot. Mag., t. 3253). Van-Diemen, Nouv.-Hollande. 1829. Ramules veloutés. Feuilles ovées-lancéolées, nudiuscules. Feurs blanches comme la neige. (*E. nivalis* GRAH. B. M., l. c.)

— *variabilis* Lodd. Bot. cab., t. 1818). Van-Diemen. 1829. Fleurs rouges.

— *sparsa* R. Br. Nouvelle-Hollande, Port-Jackson. 1825. Feuilles oblongues-lancéolées, pétiolées, mucronées. Fleurs blanches.

— *obtusifolia* Smith (Bot. cab., t. 293). Nouvelle-Hollande, Van-Diemen. 1804. Ramules pubescents. Feuilles subpétiolées, lancéolées, dressées, subimbriquées, fleurs blanches.

— *heteronema* Labill. (Bot. Mag., t. 3257). Van-Diemen. 1814. Ramules hérissés. Feuilles pétiolées, dressées, subimbriquées, elliptiques-lancéolées, acuminées, subconcaves. Fleurs blanches. (*E. subreflexa*, Bot. Mag., l. c.)

— *paludosa* R. Br. (Bot. cab., t. 1226). Nouvelle-Hollande, Port-Jackson. 1824. Ramules pubescents-velus ; feuilles étroitement lancéolées, dressées, acuminées. Fleurs blanches.

— *onosmæflora* Cunn. (Bot. Mag., t. 3168). Nouvelle-Hollande. 1823. Ramules blanchâtres-velus. Feuilles elliptiques-lancéolées, acuminées, mucronées, cucullées. Fleurs blanches (ou rouges).

— *exserta* R. Br. Van-Diemen. 1812. Feuilles lancéolées, aiguës, dressées, subplanes. Fleurs rouges. Anthères exsertes.

— *mucronulata* R. Br. Van-Diemen. 1824. Feuilles lancéolées, très-aiguës, dressées, étalées, pellucides, mucronées au sommet. Fleurs blanches.

Telles sont, parmi les plantes de ce genre cultivées dans nos serres, celles qui sont regardées comme distinctes par les botanistes. Il y en existe sans doute quelques autres encore; mais ou elles n'ont pas été déterminées, ou elles ne sont que des variétés issues de semis, et nommées par les fleuristes eux-mêmes, sans distinction d'espèces ou de variétés.

CULTURE.

Comme la culture des *erica*, dont nous allons parler bientôt, celle des épacrides demande une surveillance continue et vigilante, en ce sens que l'humidité ou la sécheresse les tuent presque instantanément et sans remède. Pour prévenir cet accident, il faut entretenir une légère humidité dans le sol où on les élève, soit en pots soit en pleine terre : humidité graduée selon l'état de l'atmosphère, c'est-à-dire assez abondante pendant les chaleurs de l'été, et d'autant plus faible que les froids de l'hiver sont plus sombres et plus longs.

On peut donc les élever indifféremment en pots ou en pleine terre. Dans le premier cas, les vases seront un peu étroits et renouvelés au printemps et à l'automne. On se servira pour les remplir d'une terre de bruyères sableuse ou même quelquefois un peu tourbeuse, passée seulement à la claie, mais jamais au crible. L'été on rangera les vases à mi-ombre derrière les abris végétaux dont nous avons recommandé la formation, ou à l'exposition du nord, et protégés, dans tous les cas, contre les vents et le soleil à son zénith, par des abris artificiels.

On arrosera et on seringuera les épacrides matin et soir s'il en est besoin, ou une seule fois par jour, le soir de préférence pendant l'été, le matin en automne, quand les nuits deviennent froides, de manière à entretenir toujours la terre des pots, comme nous venons de le dire, dans une légère humidité.

Plantées en pleine terre dans le conservatoire ou le jardin d'hiver (nous avons dit quel charmant aspect elles présenteraient au bord des massifs), ces jolies plantes ne demanderont aucuns soins spéciaux autres que ceux que l'on doit prodiguer à tous et sans cesse.

Leur propagation peut avoir lieu par semis, par marcottes et par boutures. Les deux premiers modes sont le plus fréquemment employés ; et nous renvoyons, pour les détails de leur opération, à ce que nous avons dit sur ce double sujet dans notre article sur la multiplication des *acacia* : multiplication qui ne diffère en rien de celle des *epacris*, et exige les mêmes procédés, les mêmes soins.

Le troisième mode, le bouturage, offre autant de difficulté que celui des *acacia* et demande les mêmes soins. La radification difficile des boutures dans ces deux genres dépend nécessairement de la petite quantité de sucs aqueux renfermés dans les tiges. Aussi doit-on choisir pour sujets les extrémités les plus jeunes de ces plantes, et les couper avant qu'elles ne soient complétement endurcies ; on les bouture en terrines ou isolément dans de très-petits godets remplis d'un sable blanc pur, à froid en automne, à chaud au printemps. Dans ce dernier cas la couche (si l'on se sert de fumier) a dû être préparée de manière à durer au moins six semaines, à donner environ 15 degrés, et à être facilement réchauffée par une addition ou mélange de fumier neuf s'il en était besoin. Si les terrines sont placées sur une couche de sable ou de tan, chauffée par l'hydrotherme (ce qui vaudra mieux), on en entretiendra la chaleur au même taux.

Du reste, ombrage complet, bassinage léger et assez fréquent; puis, peu à peu, lorsqu'on voit les boutures commencer à émettre quelques jeunes feuilles, donner un peu d'air sous les cloches, un peu de lumière au-dessus en l'absence du soleil; enfin, lorsqu'on juge qu'elles sont bien enracinées, ce dont il est facile de s'assurer en renversant un des godets ou en en soulevant une, au moyen d'une petite spathule, on les séparera et on les traitera comme nous l'avons enseigné à l'égard des jeunes azalées.

HISTOIRE ET CARACTÈRES GÉNÉRIQUES DES *ERICA* (BRUYÈRES).

Parler des bruyères, c'est parler de ce que le règne végétal nous offre de plus mignard, de plus délicat, de plus élégant. A l'exception de l'odeur, qu'elle semble leur avoir entièrement refusée, la nature s'est montrée pourtant bien prodigue à leur égard : feuillage persistant, tellement ténu, qu'il ressemble à certaines plumes : fleurs extrêmement nombreuses :

de toutes dimensions, de toutes formes, de tout coloris, sauf le bleu ; formes d'arbre et en même temps taille naine, quoique élancée ou touffue ; tels sont, à la première vue, les avantages dont les bruyères sont douées.

On ne doit pas s'étonner, après avoir lu ce court préambule, que des plantes si gracieuses aient un grand nombre de fervents admirateurs. Aussi en Angleterre, dont le climat se prête merveilleusement à leur culture, en possède-t-on de nombreuses et magnifiques collections. Chez nous, soit impéritie de la part des horticulteurs, soit, comme on le prétend assez généralement, que le climat soit trop sec, toujours est-il que jusqu'ici on n'en voit nulle part une réunion qui, en raison de la grande quantité d'espèces connues et de variétés plus nombreuses peut-être encore, mérite le nom de collection.

Qu'il nous soit donc permis de rejeter cette pénurie, non sur le climat, excuse banale et facile, mais bien sur l'insuffisance et l'irrationnalité des soins qu'on leur a portés jusqu'à ce jour. Faut-il une preuve à l'appui de notre assertion? Nous avons connu en 1822, aux Ternes, près de la barrière de l'Etoile à Paris, un amateur (amateur égoïste et chez lequel on pénétrait fort difficilement) qui possédait une riche et nombreuse collection de ces arbustes. Ses bruyères étaient dans l'état le plus florissant (quelques-unes avaient plus d'un mètre de hauteur) : il les tenait en caisses, et *ces caisses remplissaient deux grandes serres !* Nous ne savons ce que cette collection est devenue.

L'impératrice Joséphine, cette noble femme à qui l'horticulture doit tant, est le premier amateur qui se soit occupé en France des plantes de ce genre. Séduite par le charme des belles figures des bruyères peintes d'Andrews (4 v. London, 1802), elle en fit venir d'Angleterre les plus belles espèces à des prix énormes, et les réunit en assez grand nombre dans son élégant domaine de la Malmaison, où leur culture ne paraît pas avoir été sans succès.

A notre avis, ce qui leur manque chez nous c'est un horizon vaste, bien aéré, à l'abri de certains vents malfaisants ; ce qui leur nuit c'est l'air sec et sans atmosphère de nos jardins retrécis ; ce sont à la fois l'eau, l'air, la lumière et la nourriture qu'on n'a pas encore su leur distribuer à propos et dans des proportions convenables.

Nous essayerons, à l'endroit de leur culture, de discuter ces points essentiels et d'en donner une solution assez rationnelle pour engager les amateurs à essayer de nouveau cette charmante culture avec quelque espoir de succès.

Le genre *erica* renferme près de 600 espèces plus ou moins bien déterminées et un très-grand nombre de variétés, confondues fort probablement avec les premières et *vice versa*, et par les botanistes et par les horticulteurs, faute de moyens certains d'étude et de comparaison : moyens qui ne peuvent résulter que de la présence des plantes vivantes.

L'étude et la classification d'un si grand nombre d'espèces présentent, on le conçoit, de grandes difficultés, résultant surtout, ainsi que nous venons de le dire tout à l'heure, des moyens de comparaison. Aussi quelques botanistes ont-ils essayé de les répartir en des genres distincts ; et ces genres, proposés par Salisbury, G. Don et Benthan, ne sont rien moins qu'au nombre de *quarante-neuf !* Aujourd'hui tous les botanistes, considérant que : bien que dans ces plantes la corolle varie de forme de la manière la plus surprenante, que l'insertion anthérale, et même la déhiscence capsulaire, diffèrent dans beaucoup d'espèces ; tous les botanistes, disons-nous, malgré ces dissimilitudes, quelquefois très-frappantes, sont aujourd'hui d'accord pour rejeter ces genres, et pour en adopter plusieurs seulement comme des sections propres à répartir convenablement toutes les espèces connues ; encore des espèces intermédiaires viennent-elles souvent remplir les lacunes laissées entre les diverses sections.

Dans l'énumération des espèces qui va suivre nous nous conformerons à ces sages errements, tout en espérant pour l'avenir une classification plus méthodique et définitive des belles et gracieuses plantes qui nous occupent. Nous ferons surtout observer que dans l'état actuel de la science, il s'est sans doute glissé, parmi les espèces dont nous allons donner la liste, beaucoup d'hybrides et de variétés, qu'il serait impossible de distinguer des véritables espèces. Aussi le botaniste qui tentera la révision de ce genre (travail immense !) devra-t-il étudier ces plantes non en herbier, non sur le vivant dans nos collections, mais dans leur pays natal.

Caractères génériques.

Erica L. (Type de la famille des Ericacées.) Calice quadrifide ou quadriparti. Corolle hypogyne, diverse (globuleuse, urcéolée, tubuleuse, campanulée ou hypocratérimorphe) ; limbe quadrifide. Étamines-8, incluses ou exsertes, insérées sous un disque hypogyne ; filaments libres ; anthères terminales ou latérales, distinctes ou cohérentes à la base, mutiques, aristées ou crêtées ; loges déhiscentes au sommet par une cavité latérale ; ovaire quadriloculaire, à loges multiovulées. Style filiforme ; stigmate capité, cyathiforme ou pelté. Capsule quadriloculaire, loculicide quadrivalve ; cloisons fixées au milieu des valves, opposées à une colonne centrale placentifère, tétragone ou tétraptère, ou alternant avec elle, ou lui étant quelquefois adnée. Graines nombreuses, ovales, réticulées. — Arbrisseaux et arbustes d'un port particulier, peu nombreux en espèces dans l'Europe médiane et le bassin méditerranéen, très-communs et très-nombreux au cap de Bonne-Espérance. Les feuilles extrêmement étroites, linéaires et assez courtes, comme aciculaires, sont alternes, opposées ou verticillées. Les fleurs, de forme et de coloris extrêmement divers, sont axillaires ou terminales et munies de trois bractées éloignées ou rapprochées du calice. Quelquefois leurs pédicelles portent à la base plusieurs feuilles formant l'involucre.

ÉNUMÉRATION DES ESPÈCES LE PLUS ORDINAIREMENT CULTIVÉES EN EUROPE [1].

(Classification de R. Brown dans l'*Hortus Kewensis*, 2e édit.) [2].

A. Macrostémones.

Étamines exsertes, feuilles ternées.

Erica plukenetiana Willd. (Wendl. Er. I, t. 9, 21). Cap. 1774. Fleurs blanches ou roses, grandes, fusiformes (Plus. var.). *E. penicillata* Andr.

[1] On sait que la bruyère de nos champs est le type et l'unique espèce du genre *calluna* (*C. vulgaris*, Salisb.); Sweet (Hort. Brit.) en énumère 522 espèces comme cultivées en Angleterre.

[2] Ceux de nos lecteurs qui voudraient connaître une classification plus moderne et plus savante de ces plantes, avec les divisions, les sous-genres ou même les genres qui en ont été séparés comme distincts, peuvent consulter la 2e partie du t. VII du *Prodromus systematis Vegetabilium* de De Candolle, travail rédigé par *Bentham*. Cet auteur en compte 429 espèces vraies, partagées en beaucoup de sous-genres ; le reste est réparti en plusieurs genres distincts.

Erica Banksii Willd. (Andr. Eric., 1). Cap. 1787. Fleurs cylindracées. (*E. fragilis* Salisb.)

— *petiveriana* Willd. (Lamk. III , t. 228, 6 , 3). Cap. 1774. Fleurs solitaires , coniques , jaunes. (*E. loculiflora ,* Salisb.)

— *follicularis* Salisb. (Andr. Er., v. 1). Cap. 1794. Fleurs coniques, jaunes (*E. petiveriana* Andr.).

— *Sabana* Willd. (Andr. Er., v. 1). Cap. 1774. Fleurs ternées, cylindracées, courbées, jaunes, ou oranges, ou rouges. (*E. cothurnalis* Salisb.)

— *socciflora* Salisb. (Andr., v. 1). Cap. 1799. Fleurs ternées, coniques, verdâtres.

— *penicilliflora* Salisb. (Wendl., w. 5, ic.). Cap. 1792. Fleurs subternées, subglobuleuses , blanches. (*E. calyculata* Wendl.)

— *leucanthera* Willd. Cap. 1803. Fleurs infundibuliformes, blanches. (*E. spiræflora* Salisb.)

— *flexuosa* Salisb. (Andr., v. 1). Cap. 1792. Fleurs ellipsoïdes, blanches. (*E. divaricata* Wendl.)

— *villosa* Andr. (Er. 3). Cap. 1800. Fleurs subglobuleuses , blanches.

— *spumosa* Willd. (Bot. Cab., t. 566). Cap. 1786. Fleurs campanulées, blanchâtres. (*E. scariosa* Salisb.)

— *sexfaria* Ait. (Andr., v. 2). Cap. 1774. Fleurs campanulées, blanches, petites. (*E. spumosa* Thunb.)

— *imbricata* Willd. (Bot. Cab., t. 1243). Cap. 1790 , Fleurs campanulées, pourpres , petites.

— *tiaræflora* And. (Er., v. 3). Cap. 1800. Fleurs orbiculaires, déprimées , pourpres. (*E. placentæflora* Salisb.)

— *velleriflora* Salisb. (Andr., v. 1). Cap. 1774. Fleurs campanulées, blanchâtres. (*E. capitata* Thunb. — *villosa* Wendl. — *bruniades* Andr.)

— *bruniades* Willd. (Vendl. Er. 16, ic.). Cap, 1790. Fleurs ombellées, campanulées, blanches. (*E. carbasina* Salisb.)

— *umbellata* Willd. (Andr., v. 2). Cap. 1782 (Portugal). Fleurs subsénées (par 6), coniques, très-élargies à la base, rouges. (*E. lentiformis* Salisb.)

— *staminea* Andr. (Er., v. 3). Cap 1799. Feuilles ternées. Fleurs blanchâtres.

Erica latifolia Andr. (Er., v. 2). Cap. 1800. Feuilles ovales. Fleurs grandes, rouges.

— *nudiflora* Willd. (Wendl., Er. 14, ic.). Cap. 1783. Feuilles ternées. Fleurs campanulées, cylindracées, jaunes. (*E. floribunda* Wendl. — *sertiflora* Salisb.)

— *carnea* L. (Jacq. Fl. aust. 1, t. 32). Europe. 1763. Feuilles ternées ou quaternées. Fleurs subunilatérales, roses ou carnées, coniques. Tiges basses. (*E. herbacea* L., Bot. Mag., t. 11.)

— *mediterranea* L. (Bot. Mag., t. 471). Europe méridionale. 1648. Feuilles quaternées ou quinées. Fleurs cylindracées urcéolées, carnées ou pourpres.

— *vagans* L. (Engl. Bot., t. 3). Europe. Feuilles quaternées ou quinées. Fleurs roses ou blanches. (*E. multiflora* Huds.)

— *multiflora* L. (Andr., v. 2). Europe méridionale. 1731. Fleurs courtes, campanulées, roses.

— *grandiflora* Willd. (Bot. Mag., t. 189). Cap. 1775. Fleurs claviformes, très-allongées, jaunes.

B. Longifloræ.

Corolle cylindracée ou claviforme.

a. *Anthères biaristées.*

Erica ewerana Ait. (Wendl. Er., fasc. 18, t. 91). Cap. 1793. Feuilles ternées. Fleurs solitaires, pourpres. (*E. uhria* Andr. — *decora* Salisb.)

— *cruenta* Willd. (Wendl. Er. fasc. 4, t. 11). Cap. 1774. Feuilles ternées. Fleurs ternées, pourpres. (*E. melliflua* Salisb.)

— *speciosa* Andr. (Er. 2). Cap. 1800. Feuilles ternées. Fleurs ternées, orangées et rouges.

— *discolor* Willd. (Andr., v. 1). Cap. 1788. Feuilles ternées. Fleurs ternées, rouges et jaunes. (*E. cupressiformis* Salisb.)

— *mutabilis* Andr. (Er. 3). Cap. 1798. Feuilles ternées ou quaternées. Fleurs nombreuses, pourpres.

— *abietina* Thunb. (Andr. v. 1). Cap. 1762. Feuilles quaternées. Fleurs axillaires, pourpres ou lilacinées. (*E. mammosa* Linn.

— *verticillata* Andr.

Erica claræflora Salisb. (Andr., v. 2). Cap. 1779. Feuilles quaternées ou sénées. Fleurs axillaires , verdâtres. (*E. sessiliflora* Andr.)

— *spicata* Willd. (Andr., v. 1). Cap. 1789. Feuilles 4 ou 6-nées. Fleurs axillaires verdâtres. (*E. sessiliflora* L.—*favosa* Salisb.)

— *patersoniana* Andr. (Er., v. 1). Cap. 1791. Feuilles 4-6-nées. Fleurs axillaires , jaunes. (*E. spissifolia* Salisb.)

— *fascicularis* Willd. (Wendl. Er. 14, t. 29). Cap. 1787. Feuilles 8-nées. Fleurs roses. (*E. coronata* Andr. — *octophylla* Willd. — *radiiflora* Salisb.

b. *Feuilles ternées. Anthères mutiques. Fleurs terminales.*

Erica Linneana Andr. (Er. 2). Cap. 1790. Fleurs solitaires ou ternées, velues, blanches. (*E. perspicua* Wendl. — *lituiflora* Salisb.)

— *versicolor* Willd. (Andr. 1). Cap. 1790. Fleurs ternées, jaunes et rouges.

— *aitoniana* Andr. (Er. 1). Cap. 1790. Fleurs ternées, visqueuses, blanches et rouges. (*E. jasminiflora* Salisb.)

c. *Anthères mutiques. Feuilles ternées, 4-nées et 6-nées. Fleurs terminales.*

Erica tubiflora Willd. (Andr., v. 1). Cap. 1775. Fleurs roses, révolutées au bord.

— *ignescens* Andr. (Er. 2). Cap. 1792. Fleurs rouge de feu.

— *curviflora* Salisb. (Wendl. Er., fasc. 17, t. 69). Cap. 1774. Fleurs courbées, rouges et orangées. Anthères subsaillantes. (*E. simpliciflora* Willd.)

— *conspicua* Willd. (Andr. 2). Cap. 1774. Fleurs jaunes.

— *flammea* Andr. (Er. 2). Cap. 1798. Fleurs pubescentes, d'un rouge orangé. Feuilles 3-4-nées. (*E. bibax* Salisb.)

— *concinna* Willd. (Andr. 2). Cap. 1773. Fleurs carnées, pubescentes. Anthères incluses. Feuilles 4-6-nées. (*E. paludosa* Salisb.)

— *serratifolia.* Andr. (Er. 1). Cap. 1790. Feuilles ciliées. Fleurs jaunes. (*E. cylindriflora* Salisb.)

— *Irbyana* Andr. (Bot. Mag., t. 4016). Cap. 1800. Feuilles ternées, dressées, linéaires, lancéolées, trigones, ciliées. Fleurs claviformes, visqueuses, blanches-rosées, pourprées au sommet ; limbe étalé, rose.

d. *Anthères mutiques. Feuilles quaternées. Fleurs terminales quaternées.*

Erica pellucida Andr. (Er. 3). Cap. 1800. Fleurs jaunes ou blanches. (*E. rubra* Andr., vol. IV, 11).

— *Sparmanni* Willd. (Andr. 3). Cap. 1794. Fleurs jaunes. (*E. aspera*, Andr. — *hystriciflora* Salisb.)

— *erubescens* Andr. (Er. 3.). Cap. 1800. Fleurs carnées.

e. *Anthères mutiques. Feuilles 4-6-nées. Fleurs axillaires.*

Erica lecana Ait. (Andr. Er. 1). Cap. 1788. Fleurs costées, jaunes. (*E. costæflora* Salisb.)

— *onosmæflora* Salisb. (Andr. Er. 1). Cap. 1789. Fleurs jaunes, costées. Tube cylindrique. (*E. glutinosa* Andr.)

— *viridis* Andr. (Er. 2). Cap. 1800. Fleurs costées, vertes. Tube ventru.

— *longifolia* Ait. (Wendl., l. c. 1, fig. 11). Cap. 1787. Fleurs non costées, pourpres. (*E. pinea* Wendl.)

— *pinea* Willd. (Bot. Cab., t. 1259). Cap. 1790. Fleurs pourpres ou blanches, non costées. (*E. pinifolia* Salisb. — *purpurea* Lodd.)

— *aurea* Andr. (Er. 2). Cap. 1799. Fleurs jaunes, non costées.

— *purpurea* Willd. (Andr., Er. 2). Cap. 1789. Fleurs pourpres. Anthères saillantes. (*E. phylicæfolia* Salisb.)

— *coccinea* Willd. (Andr. Er. 1). Cap. 1783. Fleurs coccinées, anthères incluses. (*E. frondosa* Salisb).

— *hibbertiana* Andr. (Er. 3). Cap. 1800. Fleurs visqueuses, pourprées-verdâtres.

— *Massonii* Willd. (Bot. Mag., 336). Cap. 1787. Fleurs orangé-verdâtre. (*E. lycopodifolia* Salisb.)

g. *Anthères mutiques. Feuilles 4-nées ou plus nombreuses, et verticillées (6)! Fleurs axillaires.*

Erica elata Andr. (Er. 3). Cap. 1790. Fleurs jaunes. Anthères saillantes. (*E. longiflora* Salisb.)

— *restita* Willd. (Bot. Mag., t. 706, 402). Cap. 1789. Fleurs blanches ou carnées, ou pourpres, ou écarlates, ou jaunes, à limbe révoluté. (*E. longifolia* Salisb.)

Erica radiata Andr. (Er. 1). Cap. 1798. Fleurs rouges, à limbe révoluté. (*E. calamiformis* Salisb.)

— *rosea* Andr. (Er. 2). Cap. 1798. Fleurs roses. Anthères incluses.

C. Conifloræ grandes.

Corolles très-longues, dilatées vers la base.

a. *Anthères aristées.*

Erica inflata Willd. (Thunb. diss., n° 67, t. 2, f. 2). Cap. 1800. Feuilles quaternées, glabres. Fleurs roses. (*E. amabilis* Salisb.)

— *ventricosa* Willd. (Andr. Er. 1). Cap. 1787. Feuilles quaternées, ciliées. Fleurs carnées. (*E. venusta* Salisb.)

— *blanda* Andr. (Er. 3). Cap. 1800. Feuilles 6-nées. Fleurs roses.

— *monsoniæ* Ait. (Andr. Er. 2). Cap. 1787. Fleurs blanches. (*E. variifolia* Salisb.)

— *halicacaba* Willd. (Andr. Er. 2 . Cap. 1780. Fleurs blanches, 4-fides.

— *lanuginosa* Andr. (Er. 3). Cap. 1803. Fleurs brunâtres, 4-parties.

b. *Anthères mutiques. Fleurs terminales.*

Erica tetragona Willd. (Andr. Er. 3 . Cap. 1789. Feuilles et fleurs ternées. Les premières tétragones, jaunes. (*E. pugionifolia* Salisb.)

-- *jasminiflora* Andr. (Er. 1). Cap. 1794. Feuilles et fleurs ternées. Les premières blanches. (*E. lagenæformis* Salisb.)

— *ampullacea* Willd. (Bot. Mag., t. 303). Cap. 1790. Feuilles et fleurs quaternées. Les premières carnées.

— *retorta* Willd. (Bot. Mag., t. 362). Cap. 1787. Feuilles recourbées, quaternées. Fleurs 8-nées, roses.

— *ferruginea* Andr. (Er. 3 . Cap. 1798. Feuilles quaternées. Fleurs 8-nées, d'un cramoisi brunâtre.

— *cerinthoides* Willd. (Bot. Mag., t. 220). Cap. 1774. Fleurs pubérules, visqueuses, écarlate.

— *tenuiflora* Andr. (Er. 3). Cap. 1800. Feuilles quaternées. Fleurs jaunes ou blanches. (*E. cylindrica* Willd. — *fistulæflora* Salisb.)

— *hyacinthoides* Andr. (Er. 3 . Cap. 1798. Feuilles quaternées. Fleurs roses, dentelées au sommet.

Erica aristata (Bot. Mag., t. 1249). Cap. 1801. Feuilles quaternées. Fleurs pourpres.

— *acuminata* Andr. (Er. 3). Cap. 1798. Feuilles terminées par une sétule. Fleurs roses.

D. Calycinæ.

Calyce aussi long ou plus long que la corolle, coloré.

a. *Anthères biappendiculées-crétées. Feuilles ternées.*

Erica corifolia Willd. (Bot. Mag., t. 423). Cap. 1774. Feuilles apprimées. Fleurs carnées. (*E. articularis* L.—*calycina* Andr.)

— *glauca* Salisb. Bot. Mag., t 580. Cap. 1792. Feuilles subérigées, glauques. Fleurs pourpres.

— *andromedæflora* Andr. (Er. 3). Cap. 1803. Feuilles étalées vertes. Fleurs roses.

— *elegans* Andr. (Er. 3). Cap. 1799. Fleurs nombreuses terminales, roses.

— *laxa* Andr. (Er. 3). Cap. 1800. Feuilles ciliées. Fleurs lilacinées.

— *lucida* Andr. (Er. 2). Cap. 1800. Feuilles très-glabres. Fleurs roses. Style saillant.

b. *Anthères aristées.*

Erica lachneæfolia Salisb. (Andr. Er. 3). Cap. 1793. Feuilles ternées, elliptiques. Fleurs pourpres. (*E. lachnea* Andr.)

— *nigrita* Willd. (Andr. Er. 1). Cap. 1790. Feuilles ternées, linéaires, étalées. Fleurs blanches. (*E. volutæflora* Salisb.)

— *baccans* Willd. (Andr. Er. 1). Cap. 1774. Feuilles quaternées; appendices des anthères très-longs, subulés, pectinés. Fleurs lilas.

c. *Anthères mutiques.*

Erica tenuifolia Willd. (Seb. mus. 1, t. 73, f. 6). Cap. 1794. Feuilles opposées. Fleurs blanchâtres. (*E. linifolia* Salisb.)

— *canaliculata* Andr. (Er. 3). Cap. 1799. Feuilles ternées. Fleurs campanulées, lilas.

— *Thunbergii* Willd. (Bot. Mag., t. 1214). Cap. 1794. Feuilles ter-

nées. Fleurs tubulées, globuleuses ; limbe campanulé, orangé. (*E. medioliflora* Salisb.)

Erica taxifolia Ait. (Andr. Er. 1). Cap. 1788. Feuilles ternées. Fleurs
carnées, coniques, tubulées ; limbe très étalé.

— *petiolata* Willd. (Andr. Er. 3). Cap. 1774. Feuilles ternées. Fleurs
blanches.

— *capitata* Willd. (Andr. Er. 1). Cap. 1774. Feuilles ternées. Fleurs
blanchâtres. (*E. byssina* Salisb.)

— *globosa* Willd. (Andr. Er. 4). Cap. 1789. Feuilles quaternées.
Fleurs 8-nées, carnées.

E. Brevifloræ.

a. *Corolle subglobuleuse. Anthères appendiculées-crêtées.*

Erica ardens Andr. (Er. 2). Cap. 1800. Fleurs écarlates.

— *obliqua* Willd. (Andr. Er. 1). Cap. 1789. Feuilles glanduleuses aux
bords. Fleurs pourpres

— *resinosa* Sims. (Bot. Mag., t. 1139). Cap. 1803. Feuilles subsca-
bres. Fleurs orangées, verdâtres au sommet. (*E. vernix*
Andr.)

— *lambertiana* Andr. (Er. 2. Cap. 1800. Feuilles glabres. Fleurs
blanches, glabres.

b. *Corolle urcéolée. Fleurs axillaires.*

Erica flava Andr. (Er. 2). Cap. 1795. Feuilles ternées. Fleurs jaunes.

— *blandfordiana* Andr. (Er. 3). Cap. 1803. Feuilles quaternées.
Fleurs jaunes.

— *decora* Andr. (Er. 3). Cap. 1790. Feuilles 6-nées. Fleurs lilas.

c. *Corolle conique ou ovoïde, ou oblongue, urcéolée.*

Erica cinerea L. (Bot. Cab., t. 1409, 1505). Europe occidentale. Feuilles opposées ou ternées, linéaires. Fleurs pourpres ou roses
ou blanches.

— *stricta* Willd. (Andr. Er. 2). Europe méridionale et Afrique septentrionale. 1765. Feuilles quaternées, glabres. Fleurs pourpres. *E. multicaulis* Salisb. — *ramuliflora* Salisb.)

— *tetralix* L. (Engl. Bot., t. 1014). Europe septentrionale. Feuilles quaternées, lancéolées-linéaires, hérissées. Fleurs roses ou blanches.

Erica urceolaris Willd. (Wendl. fasc. 9, t. 11). Cap. 1778. Feuilles ternées. Anthères aristées. Fleurs blanches. (*E. lamellaris*, Salisb.)

— *glutinosa* Willd. (Andr. Er 1.) Cap. 1787. Feuilles éparses. Anthères aristées. Fleurs pourpres. (*E. droseroides* Andr.)

— *ciliaris* Willd. (Bot. Mag., t. 824). Europe occidentale. 1759. Feuilles ternées, ovales, ciliées. Anthères mutiques. Fleurs pourpres.

— *albens* Willd. (Andr. Er. 1). Cap. 1789. Feuilles ternées, linéaires, glabres. Fleurs blanches.

— *fastigiata* Willd. (Andr. Er. 2). Cap. 1792. Feuilles quaternées ou quinées. Anthères mutiques. Fleurs rougeâtres. (*E. walkeria* Andr.—*primuloides* Andr.)

— *comosa* Willd. (Wendl. fasc. 12, t. 7). Cap. 1787. Feuilles quaternées. Anthères mutiques. Fleurs carnées ou blanches. (*E. galiiflora* Salisb.)

— *muscari* Andr. (Er. 1). Cap. 1790. Feuilles quaternées. Anthères mutiques. Fleurs roses, à limbe révoluté. (*E. fragrans* Salisb.)

d. *Corolle cylindracée, ou évasée au sommet.*

Erica australis Willd. (Andr. Er. 3). Europe méridionale. 1769. Fleurs terminales, pourpres. Anthères crétées. (*E. pistillaris* Salisb.)

— *denticulata* Willd. (Bot. Cab., t. 1090). Cap. 1811. Fleurs terminales, blanches. Anthères mutiques. (*E. denticularis* Salisb.)

— *depressa* Willd. (Andr. Er. 2). Cap. 1789. Fleurs terminales, blanches. Anthères aristées. (*E. rupestris* Andr. — *humilis* Salisb.)

— *propendens* Andr. (Er. 2). Cap. 1800. Fleurs terminales, pourpres. Anthères mutiques.

— *pyramidalis* Willd. (Bot. Mag., t. 366). Cap. 1787 Fleurs terminales, rougeâtres ou carnées, élargies au sommet. Anthères mutiques.

— *echiiflora* Andr. (Er. 3). Cap. 1798. Fleurs axillaires, pourpres.

— *filamentosa* Andr. (Er. 2). Cap. 1800. Fleurs axillaires, pourpres.

Erica pulchella Willd (Thunb. diss., n° 24, t. 4, f. 2). Cap. 1812. Fleurs axillaires, pourpres. (*E. argutifolia* Salisb.)

— *viscaria* Willd. Icon. hort. Kew., t. 1). Cap 1774. Fleurs axillaires, lilas. (*E. viscida* Salisb.)

F. Parvifloræ.

a. *Anthères appendiculées-crêtées. Calice dressé.*

Erica formosa Willd. Andr. Er. 4). Cap. 1795. Feuilles ternées. Fleurs pourpres, blanches.

— *cernua* Willd. (Mont. act. II, ps. 11, t. 9, f. 3). Cap. 1791. Feuilles quaternées, ciliées ; les ramulaires ovales. Fleurs carnées.

— *Solandri* Andr. (Er. 2). Cap. 1800. Feuilles quaternées, linéaires, hispides. Fleurs pourpres.

— *empetroides* Andr. Er. 2). Cap. 1788. Feuilles sénées. Fleurs pourpres. (*E. empetrifolia* Wendl.)

— *empetrifolia* Willd. (Bot. Mag., t. 447). Cap. 1774. Feuilles ciliées. Fleurs pourpres

— *margaritacea* Willd. (Andr. Er. 1). Cap. 1775. Feuilles et segments calicinaux glabres. Fleurs pourpres.

— *lateralis* Willd. (Andr. Er. 2 . Cap. 1774. Feuilles glabres. Segments calicinaux ciliés. Fleurs carnées. (*E. guttæflora* Salisb.)

b. *Anthères aristées. Feuilles ternées.*

Erica retroflexa Wendl. (Er. fasc. 8, t. 7). Cap. 1787. Feuilles elliptiques-oblongues, dressées. Fleurs axillaires, pourpres. (*E. pulchella* Andr.—*caducæifera* Salisb.)

— *planifolia* Willd. Wendl. Er., fasc. 16, t. 59 . Cap. 1820. Feuilles ovales , étalées. Fleurs axillaires, pourpres. (*E. thymifolia* Salisb.

— *thymifolia* Andr. (Er. 2) Cap. 1789). Feuilles ovales, étalées, plus longues que les précédentes. Fleurs axillaires, pourpres.

— *bicolor* Willd. Cap. 1790 Fleurs terminales, campanulées, pourpres et vertes. Feuilles ovales, imbriquées.

— *arborea* L. (Fl. Græc., t. 351). Europe méridionale. 1658. Haute de deux mètres. Feuilles très petites. Fleurs aggrégées, blanches, ellipsoïdes, oblongues. (*E. estylosa* Rud.—*procera* Salisb. non Wendl.—*elata* Link.)

10.

Erica paniculata Willd. Bot. Cab., t. 1194). Cap. 1774. Feuilles linéaires, glabres. Fleurs terminales, pourpres. (*E. milleflora*
Salisb.)

— *pubescens* L. Cap. 1790. Feuilles linéaires, hérissées. Fleurs terminales, lilas.

— *hirta* Willd (Thunb. Er., n° 56, t. 2 . Cap. 1795. Feuilles linéaires, hispides. Fleurs terminales, pourpres. (*E. urceolaris*
Salisb.)

c. *Anthères aristées. Feuilles quaternées ou plus nombreuses en
verticilles.*

Erica amœna Willd. (Andr. Er. 2). Cap. 1795. Fleurs axillaires,
pourpres. (*E. plumosa* Andr.)

— *strigosa* Willd. Cap. 1775. Feuilles pubescentes, ciliées. Fleurs
axillaires, lilas. (*E. axillaris* Salisb.)

— *racemifera* Andr. (Er. 3). Cap. 1803. Feuilles et segments calicinaux glabres. Fleurs axillaires, pourpres.

— *gracilis* Willd. (Wendl. Er., fasc. 8, t. 9). Cap. 1794. Feuilles
apprimées, glabres. Fleurs terminales, campanulées, pourpres.

— *persoluta* Willd. (Bot. Mag., t. 342 . Cap. 1774. Tige pubescente.
Feuilles glabres, étalées. Fleurs terminales, campanulées, pourpres.

— *ramentacea* Willd. (Andr. Er. 4. Cap. 1786. Feuilles glabres.
Fleurs terminales, globuleuses, pourpres. (*E. bullularis*
Salisb.)

— *mucosa* Willd. (Andr. Er. 1). Cap. 1787. Feuilles glabres. Fleurs
terminales, globuleuses, pourpres.

— *pilulifera* Willd. Cap. 1789. Feuilles glabres, ciliées. Fleurs terminales, globuleuses, pourpres. (*E. piluliformis* Salisb.)

— *hirtiflora* Sims. (Bot. Mag., t. 484 . Cap. 1790. Feuilles hérissées.
Fleurs terminales, pubescentes, lilas. (*E. pubescens* Andr.
— *mitræformis* Salisb.— *tardiflora* Salisb.— *parviflora* L.)

— *florida* Willd. (Thunb. Er. 64, t. 6 . Cap. 1803. Feuilles hérissées.
Fleurs terminales pourpres.

d. *Anthères mutiques. Feuilles le plus souvent linéaires.*

Erica cordata Andr. (Er. 3). Cap. 1799. Feuilles ternées, ovales, velues. Fleurs blanches.

— *hispidula* Willd. Cap. 1791. Feuilles ternées, ovales, glabres,
subciliées. Fleurs pourpres.

— *passerina* Willd. (Petiv. Gaz., t. 3, f. 7). Cap. 1800. Feuilles ternées. Fleurs blanches. (*E. passerinæfolia* Salisb.)

— *canescens* Ait. (Andr. Er. 2). Cap. 1790. Feuilles ternées, velues.
Fleurs lilas. (*E. eriocephala*, Andr.)

— *setacea* Andr. (Er. 1). Cap. 1796. Feuilles ternées, hispides. Fleurs
glabres, rougeâtres. (*E. asperifolia* Salib.)

— *absinthoides* Willd. Cap. 1792. Feuilles scabres, hispidules. Fleurs
glabres, pourpres. (*E. virgularis* Salisb.)

— *fragrans* Andr. (Er. 2). Cap. 1803. Feuilles ternées, glabres.
Fleurs pourpres, révolutées au sommet.

— *campanulata* Andr. (Er. 1). Cap. 1791. Feuilles ternées, glabres.
Fleurs jaunes, recourbées au limbe. (*E. campanularis* Salisb.)

— *scoparia* L. (Wendl. Er. fasc. 21, t. 1). Europe. 1770. Feuilles
ternées, glabres, linéaires. Fleurs verdâtres, à limbe dressé,
roulées au bord. (*E. furata* Willd. — *viridipurpurea* L. —
virgulata Wendl.)

— *tenella* Andr. (Er. 2). Cap. 1791. Feuilles quaternées, glabres.
Fleurs terminales, quaternées, pourpres.

— *conferta* Andr. (Er. 2). Cap. 1800. Feuilles quaternées, glabres.
Fleurs terminales, aggrégées, blanches.

CULTURE.

En général les bruyères, bien qu'elles vivent en
société, n'aiment ni la compagnie ni même le voisinage des autres végétaux; à peine supportent-elles
près d'elles, et dans leur propre patrie, quelques autres plantes, telles que les *diosma*, les *passerina*, les
gnidia, les *struthiola*, etc., plantes dont les feuilles

sont petites et persistantes comme les leurs. C'est surtout dans nos serres qu'il faut respecter cette antipathie; c'est-à-dire que, si l'on veut conserver une collection de bruyères, il faut en isoler les individus du contact d'autres végétaux, les réunir dans une serre particulière, et leur donner des soins tout particuliers.

Toutefois quelques espèces plus robustes, plus rustiques que les autres peuvent être plantées impunément près d'autres plantes sans en ressentir un grand dommage, si l'on a soin surtout de leur dispenser l'air en abondance.

On explique d'une manière assez rationnelle cette antipathie des bruyères pour le voisinage immédiat d'autres plantes On dit que ces végétaux, en raison de l'extrême ténuité de leurs feuilles, aspirent et respirent dans des proportions données une somme d'air bien inférieure à celle qui est nécessaire à d'autres végétaux doués d'un large feuillage : de plus, que les bruyères, se plaisant dans un air vif, à une lumière pure, languissent nécessairement et meurent bientôt si elles se trouvent privées de ces deux éléments que leur déroberaient de hautes plantes touffues.

Si donc on est contraint, faute d'espace, de ne pouvoir consacrer une serre spéciale aux bruyères, on aura soin de ne rentrer avec elles que des plantes à feuillage ténu, telles que des *pimelea*, des *epacris*, des *gnidia*, etc.; on les en isolera même autant que possible en ne les groupant qu'entre elles.

Elles doivent être plantées de préférence dans une terre de bruyères sableuse, légère, et seulement passée à la claie. Quelques espèces cependant se plaisent assez bien dans une terre mélangée par parties inégales de celle-ci et de terre franche (deux tiers de terre de bruyères, un tiers de terre franche). On peut les tenir en pots, qu'on aura soin de bien foncer de gravier ; mais si l'on veut jouir de toute leur beauté, il faut les planter en pleine terre dans une serre *ad hoc* ou dans un coin du conservatoire ; coin qui leur sera spécialement affecté et sera surveillé d'une manière toute particulière.

Les bruyères en pots seront rempotées au moins deux fois par an, quelques jours avant leur sortie et leur rentrée, lesquelles ont lieu aux époques ordinaires. Dans cette opération on ne coupera pas circulairement la superficie des mottes, comme on a si généralement la funeste habitude de le faire pour d'autres plantes, on se contentera d'en gratter légèrement la surface pour en faire tomber la terre décomposée ; on examinera les racines, dont on retranchera avec le scalpel celles qui se trouveraient inertes ou gâtées, et on les replacera dans une bonne terre neuve, sous laquelle on aura étendu un lit de gros sable de rivière de l'épaisseur d'un doigt.

Nous avons dit, en parlant des *epacris*, combien aussi les bruyères étaient délicates, combien il était difficile de les élever, et que cette raison avait semblé déterminante à beaucoup d'horticulteurs amateurs ou professionnels, pour renoncer à cette culture, quelque attrait que d'ailleurs elle leur présentât. Nous avons dit encore que, selon nous, le succès de cette culture ne dépendait nullement des conditions climatériques de notre ciel, mais que son abandon devait être attribué tout autant à l'impéritie qu'à l'ignorance de la véritable hygiène qui convient à ces plantes.

Comme aujourd'hui ces gracieuses plantes semblent de toutes parts reconquérir la faveur qu'on leur avait si longtemps déniée, comme beaucoup d'horticulteurs marchands s'en occupent, espérons donc que leur éducation, essayée par eux, et nécessairement de diverses manières, produira quelque heureux résultat, et que désormais notre France sera douée d'une belle culture de plus.

Le cultivateur doit toujours avoir présent à l'esprit que les bruyères réclament de lui des soins continuels, et pour ainsi dire de tous les instants. Pour une seule journée de négligence dans leur surveillance individuelle, il peut le lendemain perdre bon nombre d'entre elles, surtout parmi les espèces les plus belles et les plus délicates; et les perdre sans remède.

Comme elles sont presque pendant toute l'année en état de végétation, elles exigent par cette raison des arrosements fréquents, mais modérés, mais dispensés à propos, avec sagacité. Si la terre est trop humide, que l'évaporation aqueuse n'en soit pas assez prompte et ne se fasse dans les deux ou trois jours qui suivent l'arrosement, la plante meurt! Si la terre reste sèche pendant une journée, et que le lendemain un arrosement n'arrive pas opportunément, la plante meurt!

On a peu d'exemples de bruyères dont les racines, ayant souffert du contact de l'humidité ou de la sécheresse pendant vingt-quatre heures, aient résisté quelque temps et n'aient pas été tuées par l'une ou l'autre de ces causes. Telle plante paraissait en bonne santé ce jour-là, qui le lendemain était morte et sans espoir de retour. Chez les bruyères la mort est donc pour ainsi dire subite! Ce n'est donc que par une surveillance sévère et par l'inspection individuelle qu'on peut éviter le mal, en donnant à chaque plante une quantité d'eau calculée sur ses besoins et sur l'état de l'atmosphère qui doit en opérer en grande partie l'évaporation.

Dans la serre et durant toute la mauvaise saison les bruyères se portent mieux sans être chauffées. On doit donc se contenter de prévenir, par tous les moyens possibles, la gelée d'y pénétrer, en bouchant les moindres jours, les fentes les plus légères, en y introduisant de petits tampons de mousse bien foulée, et en couvrant les vitres, surtout du côté du nord, de litière et de paillassons épais.

Si par impossible, cependant, la gelée au dehors sévissait avec une extrême sévérité, et que le thermomètre de la serre menaçât de descendre à zéro, on allumerait alors le fourneau, mais on l'alimenterait assez faiblement pour que la température de la serre ne montât pas à plus de 2 ou 3 degrés. Une plus grande somme de chaleur artificielle aurait presque toujours pour résultat la chute des feuilles, et souvent même la mort des extrémités des rameaux.

D'un autre côté, chaque fois que le temps est beau ou doux, toutes les ouvertures de la serre doivent rester béantes, de manière à ce que l'air circule avec une entière liberté autour des plantes et balaye à son aise toutes les émanations, tous les méphitismes qui auraient leur siége dans quelques coins. Si, comme cela n'arrive que trop souvent pendant nos longues brumes hivernales, un excès d'humidité semblait menacer la vie des bruyères, on allumerait le fourneau, tout étant d'abord clos; puis, renouvelant le feu, on ouvrirait peu à peu chaque châssis pour que l'air extérieur neutralisât l'effet de la chaleur et ne changeât pas en un mal différent celui auquel on voulait remédier.

On voit que cette opération est fort délicate et demande une main habile.

Si l'hydrotherme est, par la douce chaleur qu'il procure, favorable aux plantes, c'est surtout aux bruyères que l'on peut l'appliquer.

A l'air libre, les bruyères exigent une exposition où

l'air puisse circuler en abondance, un abri contre les grands vents, surtout contre ceux du nord-ouest, du nord et de l'est. Elles ne redoutent pas le soleil, et si, par des précautions habiles, on les a amenées à en supporter les rayons, elles ne s'en porteront que mieux. Elles ne craignent en un mot que l'humidité, la sécheresse, une aérification insuffisante ; évitez pour elles ces trois causes incessantes et infaillibles de mort, et vous aurez en tout temps des bruyères luxuriantes et couvertes de fleurs. Un tel résultat mérite bien qu'on étudie l'hygiène qui peut et doit leur convenir.

Par ces causes, on ne placera donc pas derrière des abris naturels ou artificiels les bruyères en été ; mais si on ne les laisse pas dans la serre, dans laquelle on les ombragerait légèrement avec des claies, on choisira dans le jardin, à l'exposition du levant ou du couchant, un emplacement vaste, bien aéré, qu'on labourera de manière à rendre la terre bien meuble, et on y enfoncera les pots, en gradins, en groupes circulaires, selon le goût du propriétaire. On bassinera très-fréquemment, et, quant aux arrosements, nous avons été assez explicite à leur égard pour n'y plus revenir. On peut encore, les bruyères n'en seraient que plus belles et les chances de mortalité diminueraient même pour elles, on peut, disons-nous, préparer dans l'emplacement indiqué une espèce de terrain, bien amendé et couvert de terre de bruyères, pour y planter en liberté tous les individus de la collection, de manière à en former une sorte de jardin. A l'automne on les relèvera avec précaution pour les rentrer comme à l'ordinaire.

On sait que la seule espèce de serre qui convienne aux plantes dites de serre froide est la serre à deux pans, et nous en avons ailleurs déduit les raisons. Il en est de même, à bien plus forte raison, quand il s'agit des bruyères, si avides d'air et de lumière. Mais l'amateur qui voudrait jouir complétement de tous les avantages, de tous les charmes que peuvent offrir ces plantes, leur fera construire une serre tout exprès pour elles ; ce qui ne saurait l'entraîner dans de grands frais, puisque tout d'abord les bruyères peuvent se passer de chaleur en hiver ; de plus, parce que toutes les espèces n'acquièrent qu'une faible hauteur (les plus grandes atteignent à peine 1 mètre et demi), et occupent assez peu d'espace. Là, plantées en pleine terre, et distribuées de manière à ce que les plus heureux contrastes de formes et de coloris dans leurs fleurs résultent de leur groupement, l'effet qu'elles présenteraient, surtout au moment le plus général de leur floraison, serait au-dessus de toute description.

Pour varier encore ses plaisirs, l'heureux amateur pourrait grouper parmi elles des *diosma*, des *epacris*, des *pimelea*, des *gnidia*, des *phylica*, etc., etc., végétaux qui pourraient vivre avec les bruyères sans leur causer un préjudice immédiat.

Ces plantes ne se prêtent facilement ni au pinçage ni au rabattage. On n'aura donc recours à ces deux opérations que dans des cas extrêmes et fort limités, et soit seulement pour redresser un individu, pour lui donner une forme convenable, soit pour retrancher latéralement des rameaux superflus. Mais quand une plante est souffrante, qu'elle jaunit ou semble languissante, on peut sans inconvénient la rabattre, la rempoter à neuf, et l'abriter ensuite sous châssis, sans air et sans soleil, jusqu'à ce qu'elle ait végété de nouveau. On peut quelquefois ainsi, cas fort rares, remédier au mal lorsqu'on s'en est aperçu à temps.

MULTIPLICATION.

La multiplication des bruyères ne diffère en rien de celle des *epacris* et des *azalea*; aussi jugeons-nous parfaitement inutile de nous étendre ici sur ce sujet. Le lecteur, en lisant attentivement ce que nous avons écrit plus haut sur la propagation des plantes dont il a été question, sera suffisamment renseigné pour opérer sans crainte celle des bruyères. On les propage donc aisément de marcottes, de boutures et de semis : opérations qui se font absolument de la même manière, et aux mêmes époques que celles des plantes ci-dessus énoncées. Les boutures, comme celles des *epacris*, sont coupées à l'extrémité des jeunes ramules et faites dans un sable blanc pur. On les traite absolument de la même manière que celles de ces plantes.

A l'égard des boutures, quelques praticiens ont conseillé les boutures à talons, c'est-à-dire le bouturage de jeunes rameaux *arrachés* avec talons sur les mères. Nous n'avons pas certes besoin de démontrer ici l'absurdité d'un système si erroné, si préjudiciable aux mères, pour empêcher l'amateur de le pratiquer, d'autant plus que ces sortes de boutures réussissent assez rarement, et demandent beaucoup plus de temps pour s'enraciner.

———

La tâche que nous nous étions imposée est près de s'accomplir, et, en raison des bornes resserrées d'un opuscule de la nature de celui-ci, nous n'avons pu nous laisser aller à décrire plus longuement, si ce n'est plus éloquemment, un aussi beau sujet

Toutes les plantes de serre froide, autres que celles dont il a été question dans ce livre, peuvent être cultivées, sans exception (abstraction faite du greffage, opération inutile à leur égard), absolument de la même manière qu'elles, en ayant égard toutefois à la complexion, à la nature de chacune d'elles. Ainsi, par exemple :

Les *clethra*, les *arbutus*, les *mahonia*, les *pittosporum*, les *magnolia*, les *metrosideros*, les *myrtus*, les *leptospermum*, les *melaleuca*, les *grevillea*, les *hakea*, les *protea*, etc., etc., se cultiveront et se multiplieront comme les *rhododendrum* et les *acacia*, c'est-à-dire par marcottes, par boutures et par semis ; les *oxylobium*, les *chorisema*, les *podolobium*, les *mirbelia*, les *hovea*, et mille autres charmantes papilionacées, comme les azalées. Les *fuchsia*, les *franciscea*, les *solanum*, les *cestrum*, comme ces dernières encore ; enfin une foule de gracieuses petites plantes que nous avons indiquées comme pouvant être sans inconvénient mêlées aux bruyères, telles que les *crowea*, les *pimelea*, les *phylica*, les *diosma*, etc., etc., comme les *epacris*.

CAMELLIA.

PRÉCIS HISTORIQUE.

Il est peu de plantes qui aient mérité de toutes parts une vogue aussi décidée que le Camellia. Pour expliquer ce véritable engouement, il faut avouer que cet arbrisseau possède à un haut degré tout ce qui, aux yeux des amateurs, constitue ce que l'on est convenu d'appeler une belle plante ; en effet, un large feuillage d'un vert foncé et luisant ; un port droit, élancé, gracieux. De magnifiques fleurs, d'un coloris pur, fin, gracieux, délicat ou éclatant, telles sont, au premier aspect, les qualités éminentes qui distinguent le camellia.

Pour surcroît d'agrément les fleurs s'épanouissent

dans une saison encore inclémente, à une époque où la nature commence à peine sortir à de sa torpeur hivernale.

Aussi les *camellia* ont-ils de nombreux et zélés partisans sur tous les points du globe. Originaire du Japon, et cultivé de temps immémorial dans la Chine et la Cochinchine, le type de toutes les brillantes variétés qui décorent nos jardins, introduit en Europe vers 1739, par le père Camelli, jésuite, commanda aussitôt l'admiration générale. Linné, par reconnaissance, le dédia à son importateur, et le genre qu'il créa ainsi fut adopté par tous les botanistes ses successeurs, non en raison de la dédicace, chose respectable en soi quant aux individus, mais en raison des caractères botaniques distincts que présentait le *camellia*.

On distingue aujourd'hui onze espèces environ de *camellia*, dont trois ou quatre douteuses ou mal déterminées, qui, plus tard, quand elles seront mieux connues, formeront des genres distincts ou seront peut-être réunies au genre *thea*. Nous en donnerons plus loin l'énumération.

Le genre *camellia*, que M. Decandolle avait proposé comme type d'une nouvelle famille (les *camelliacées*), qu'il plaçait entre les *ternstrœmiacées* et les *olacinées*, appartient définitivement au premier de ces deux ordres dont il forme une tribu sous le nom de camelliées, et qui ne renferme avec lui que le genre *thea* (type des théacées de Mirbel), assez peu distinct du premier, et qu'on devrait peut-être lui réunir. Voici la diagnose générique du type :

CAMELLIA L. et Ann.

Calice ébractéolé, penta-ennéaphylle ; folioles bi-trisériées-imbriquées, les intérieures peu à peu plus grandes, décidues. *Corolle* de 5-7 pétales hypogynes, imbriqués, les intérieurs plus grands. *Étamines* nombreuses, hypogynes, plurisériées, adhérant souvent à la base des pétales et plus ou moins adhérentes entre elles inférieurement ; *filaments* subulés ; *anthères* incombantes, biloculaires, oblongues ; *connectif* assez épais ; loges longitudinalement déhiscentes. Ovaire libre, triquinquéloculaire ; *ovules* pendants, au nombre de 4-5 dans les loges, insérés alternativement à l'angle central. *Style* tri-quinquéfide ; stigmates capitellés. *Capsule* 3-5 loculaire, indéhiscente, loculicide 3-5 valve ; valves septifères au milieu ; axe central persistant, séminifère sur ses faces. Graines solitaires par avortement dans les loges, rarement géminées, inversés, à test nucamentacé ; à ombilic apical immergé. *Embryon* exalbumineux ; cotylédons épais, charnus, inégaux ; radicule très-courte.

Les *camellia* sont des arbrisseaux habitant l'Inde et surtout la partie orientale de l'Asie australe ; toutes les espèces sont intéressantes par leur port et leurs fleurs. Leurs feuilles sont alternes, pétiolées, coriaces, luisantes, très-entières ; les gemmes en sont grandes, couvertes de squammes pérulaires, distiques-imbriquées ; les fleurs sont axillaires et terminales, blanches, roses ou pourpres.

Les botanistes modernes, qui ont établi la caractéristique que l'on vient de lire, partagent le genre *camellia* en deux sous genres, fondés sur la déhiscence ou l'indéhiscence de la capsule, ainsi qu'il suit :

A. *Sasanqua* Nees. Capsule indéhiscente ; cloisons très-finement membranacées ;

B. *Kissi* Endlich. Capsule loculicide tri-quinquévalve.

ESPÈCES CONNUES OU CULTIVÉES.

Camellia Japonica L. (Cav. Diss., t. 160). Japon. 1739. Feuilles ovées acuminées, acutidentées ; fleurs terminales, subsolitaires. (Type du plus grand nombre des variétés cultivées.) Fleurs pourpres à l'état sauvage.

— *sasanqua* Thunb. Sims. (Bot. Mag., t. 2080). Japon. 1811. Feuilles ovées-oblongues, obtusidentées ; fleurs terminales, subsolitaires ; pétales obcordiformes. (*C. maliflora* Don, Sveet's, Hort. brit., 1819, B. R., t. 547.)

— *axillaris* Roxb. (Bot. Reg., t. 349). Ile Poulo-Pinang. 1816. Feuilles obovées-oblongues, denticulées, les supérieures très-entières ; fleurs solitaires, subsessiles, subaxillaires. Style 1, à peine libres au sommet. Fleurs blanches ou jaunâtres. (*Polyspora axillaris* Hook., *Gordonia anomala* Spr.)

— *kissi* Wall. Pl. as. rar. III, t. 256) Népaul. 1823. Feuilles ovées-oblongues, acuminées, acutidentées. Fleurs tristyles, subsolitaires ou sessiles axillaires subterminales ; calices soyeux ; fleurs blanches. (*C. keina* Don.)

— *drupifera* Lour. Cochinchine. Feuilles ovées-oblongues, subcrénelées. Fleurs binées ou ternées, terminées, octopétales ; drupe quadriloculaire. Ses graines fournissent de l'huile. (*Mesua bracteata* Spr.)

Camellia euryoides Lindl. (Bot Reg, t. 983 . Chine. 1824. Rameaux poilus ou hérissés , grêles. Feuilles ovales, acuminées, tronquées à la base , denticulées, glabres en dessus, poilues-soyeuses en dessous. Fleurs blanches.

— *oleifera* Abel. (Bot. Reg., t. 942). 1819. Ramules légèrement pubescents. Feuilles elliptiques, aiguës, rétrécies aux deux extrémités, denticulées, glabres. Pétales bilobés, étalés. Fleurs turbinées, blanches. On tire une huile de ses graines. (*C. chamzola* Hamilt.)

— *caudata* Wall. (Pl. as. rar. III, t. 36). Inde orientale. Feuilles lancéolées, atténuées, très-acuminées, acuti-denticulées, presque très-entières à la base ; pétiole et rameaux pubérules pendant la jeunesse. Fleurs axillaires terminales fasciculées ; étamines et styles velus-barbus ; pétioles velus en dehors.

— *reticulata* Lindl. (Bot. Reg., t. 1078). 1824. Feuilles oblongues ou elliptiques-oblongues, acuminées aux deux extrémités, denticulées, veinées-réticulées, planes, glabres. Fleurs d'un pourpre vif.

— *laxa* (Hort. Hamb.). 1834.

— *scottiana* Wall. Inde orientale.

Les *camellia* à l'état sauvage forment de grands arbrisseaux, plutôt buissonnants qu'élevés, et jamais des arbres ; ils s'élèvent rarement, même dans les jardins de leur pays natal, à plus de 10 ou 12 mètres, quoiqu'on ait assuré, *par erreur*, que leur taille dépassait 15 et 20 mètres. Dans nos serres, tenus dans des vases ou des caisses où leurs racines sont sans cesse comprimées et ne peuvent se développer [1], il

[1] Inconvénient nécessaire si l'on veut jouir d'une floraison abondante.

est rare d'en trouver qui aient atteint plus de trois à quatre mètres ; toutefois, plantés en pleine terre dans un conservatoire ou dans des serres froides, ils acquièrent facilement 5 ou 7 mètres de hauteur. Livrés ainsi à eux-mêmes, et dirigés par une main industrieuse, rien ne surpasse la beauté d'une plantation de ces arbres, rien n'égale la splendeur de leur floraison.

Bien des amateurs de cet arbrisseau doivent se rappeler encore le magnifique conservatoire de *camellia* de feu Boursault. Pourquoi faut-il donc que parmi les milliers de riches et souvent si désœuvrés curieux qui se pressaient dans ses serres, il ne s'en soit pas trouvé un seul qui ait suivi le *noble* exemple que leur donnait un homme qui sut cacher sous les fleurs l'origine très-peu *noble* de son immense fortune! Qui de ceux qui ont eu l'avantage de visiter ses collections de plantes, pourront jamais oublier l'élégance extrême, le pittoresque charmant, les merveilles vraiment féeriques de son délicieux jardin? Mais hélas! où sont ses immenses serres, son temple de Flore, ces délicieuses grottes, ce gai ruisseau bordé de fleurs, etc. Mais hélas! tout passe, et ce seul exemple

Edocet humanis quæ sit fiducia rebus! Virg.

Cela dit, revenons à notre sujet.

Comme contre-poids à ce qui précède, et pour opposer une agréable idée à l'inévitable et triste instabilité des choses de ce monde, nous citerons un homme qui a su, à force de persévérance, de soins, de sacrifices, compléter la plus riche collection de *camellia* connue jusque aujourd'hui. De plus, il a su à l'exemple ajouter le précepte, et son excellente monographie des *camellia*, sa belle iconographie du genre, le placent à la tête et des amateurs de ces plantes et des écrivains qui s'en sont occupés.

M. l'abbé Berlèse, loin de ressembler à ces amateurs de Haarlem que stigmatise si admirablement notre Delille, jouit en amant, mais partage en frère. Ses conseils, son appui, ses plantes, sont à la disposition des amateurs. Il est heureux de répandre le goût d'une aussi belle culture, à laquelle il a su donner un si haut essor, un si grand retentissement. Aussi, dans ce qui va suivre, tâcherons-nous de n'être pas trop souvent d'un avis opposé au sien.

CULTURE.

La culture des *camellia* ne diffère en rien de celle des *rhododendrum*, sur laquelle nous nous sommes assez longuement étendu, et, nous l'espérons, d'une façon assez claire pour être facilement compris par les amateurs même les plus novices. Toutefois, nous passerons en revue les procédés spéciaux de l'éducation de ces plantes, et donnerons ensuite une liste des plus belles variétés.

Ce genre de culture a fait, dans ces dernières années, d'immenses progrès, grâce aux talents et au zèle de quelques horticulteurs qui se sont donnés spécialement ou en grand à ce genre, parmi lesquels nous devons nommer MM. PAILLET, CELS, à Paris, KETELEER (maison SOULANGE), à Ris, BERTIN, à Versailles, etc. Elle ne présente aucune difficulté, et n'exige, de la part du cultivateur, que de la vigilance et des soins opportuns.

Le camellia, croissant dans des contrées situées entre les 36ᵉ et 45ᵉ degrés de latitude boréale, prospère dans ces pays sur les versants abrités ouest et est des montagnes, dans des endroits frais, humides; et s'avance rarement en plaine. Là il reste humble, trapu; ses fleurs sont également plus petites, moins vivement colorées; mais transporté dans les jardins des voluptueux Japonais ou des Chinois industrieux, il s'élance, prend un port plus noble: ses fleurs acquièrent un coloris éclatant, et se diversifient de nuances infinies; ses pétales doublent, triplent; en un mot les fleurs deviennent ce qu'on est convenu d'appeler *pleines.*

Pour le cultiver sous le climat d'Europe, il faut donc, comme pour la culture de toute autre plante exotique, se régler sur sa patrie et sur son *habitat.*

On voit tout d'abord, par une simple et facile évaluation, qu'il lui faut à peine, même sous le climat de Paris, un léger abri en hiver: cette ville étant à peine éloignée de 3 degrés des confins extrêmes où il croît librement. Dans le midi de la France, il peut donc, avec quelque précaution de localité, croître en pleine terre; aussi, là et même dans le centre, commence-t-on à en admirer de belles plantations [1].

On doit donc conclure de là que les plus grandes exigences de la culture des *camellia* sont une lumière vive, un air pur, un abri léger contre les grandes gelées; et sur ce dernier point, on n'oubliera jamais que le camellia peut supporter 4 degrés Réaumur au-dessous de zéro, sans en souffrir. On en a vu même résister à 6, et ne pas périr entièrement sous une gelée de 8 degrés. Il sera bon toutefois de ne pas tenter de telles expériences sur quelques précieuses variétés.

La question du sol dans lequel on doit les planter n'est pas encore souverainement décidée. On en voit en effet prospérer en terre franche, en terres mélangées, tout aussi bien qu'en terre de bruyères. Quoi qu'il en soit, dans une grande partie de la France, on n'emploiera que cette dernière.

Ainsi donc, une terre de bruyère légèrement sableuse, bien brisée, passée simplement à la claie, et dont on n'aura pas retiré les petites fibres radicales des anciens arbustes qui y croissaient : précaution sans laquelle on appauvrirait la terre en lui retirant

---

[1] Ne serait-il pas intéressant, et plus tard avantageux, pour un cultivateur d'essayer la culture en grand des espèces oléagineuses de ce genre, telles que les *C. sasanqua, oleifera* et *drupacea*, lesquelles paraissent même plus rustiques que les autres? Nous livrons ce sujet aux réflexions des agronomes éclairés du midi et du centre de la France.

une partie de son humus, est une terre qui convient essentiellement aux *camellia*.

Doit-on cultiver les *camellia* en vases ou en caisses, les poser sur des tablettes ou à nu sur le sol? La solution de ces diverses questions résulte de nos propres investigations chez les principaux fleuristes et amateurs qui s'occupent de l'éducation de ces plantes; elle est contraire à l'opinion de l'habile auteur de la *Monographie des camellia*, et peut-être bien, hâtons-nous de le dire, parce qu'il n'a pas expérimenté le fait par lui-même; car un esprit aussi droit que le sien ne saurait se refuser de croire à l'évidence. Nous avons vu bien souvent les *camellia* de M. Berlèse, ils sont cultivés en caisses et placés sur des tablettes, et nous disons hautement qu'ils jouissent d'une excellente santé et se couvrent chaque année de fleurs; mais nous savons aussi, parce nous l'avons également vu, que les *camellia* de M. Paillet et de M. Chéreau [1], par exemple, cultivés en pots ou en caisses, et placés à nu sur le sol, sont plus vigoureux, plus luxuriants: que leurs fleurs, comparativement, sont plus grandes et plus nombreuses.

La raison de la différence que l'on remarque dans les deux modes de placer les *camellia*, soit sur le sol,

---

1 Cet amateur distingué, président du Cercle général d'Horticulture, possède une charmante collection de ces plantes, et les cultive lui-même avec autant de goût que d'habileté.

soit sur des tablettes, est, selon nous, fort simple. Le camellia, nous l'avons dit, se plaît, dans son pays natal, dans les endroits frais et humides. En le tenant sur le sol même, il y puise, il y respire, s'il nous est permis de le dire, cette fraîcheur, cette humidité qui lui convient. Placé sur des tablettes, il se trouve dans un milieu sec, aride, auquel il faut remédier par de fréquents arrosements : inconvénient grave, et qu'on évite par le mode contraire.

La question des pots et des caisses, toute secondaire qu'elle paraît, n'est pas sans importance non plus, l'aspect des *camellia* en caisses est plus agréable à l'œil que celui des *camellia* élevés en pot; ils végètent également bien dans les unes et dans les autres; c'est donc une affaire de goût. Toutefois nous préférerions les élever en pots pour les mettre en contact immédiat avec le sol; ce qui n'est point indifférent, et pour en déguiser la monotonie et la nudité, nous en remplirions (nous parlons d'une collection d'amateur) les intervalles de mousse fraîche.

Une autre question, mais plus importante que les précédentes, et qui vient d'être soulevée dernièrement par l'honorable amateur dont nous venons de parler, est la sortie à l'air libre ou la conservation en serre pendant l'été, des *camellia* d'une collection. D'après une expérience comparative qu'il a faite l'an dernier, M. Chéreau conseille de conserver en serre les *camellia* pendant toute l'année. Un feuillage plus ample, des boutons plus nombreux et plus gros, seraient, selon lui, le résultat de cette manière de procéder. Plusieurs horticulteurs distingués de la capitale ont été, en effet, témoins du fait, et ont pu remarquer chez M. Chéreau la différence réelle qui se trouvait entre les plantes conservées en serre (on était alors au mois de septembre) et celles qui se trouvaient déposées à l'air libre. Nous-mêmes, nous l'avouons, nous avons été séduit par l'aspect véritablement vigoureux des *camellia* restés en terre; mais, pour nous prononcer sur une question aussi grave, et qui renverserait de fond en comble toutes les idées acquises, tant théoriques que pratiques, nous avouons que nous avons besoin d'être plus amplement éclairé. Il est donc nécessaire que l'expérience de M. Chéreau soit répétée et continuée plusieurs années de suite [1].

Hâtons-nous de dire à ceux des praticiens ou des théoriciens qui trouveraient tout ceci par trop excentrique, que la serre de cet amateur restait béante par toutes les ouvertures jour et nuit, que les vitres en étaient blanchies, que les bassinages y étaient fréquents, et, en un mot, qu'il n'épargnait aucun des soins qu'un habile et industrieux cultivateur a coutume de prodiguer à ses plantes.

---

[1] M. Chéreau avait été conduit à faire cette expérience par le bel aspect que lui avaient offert quelques-uns de ces camellia restés en serre l'année précédente.

On objectera tout d'abord, contre le procédé Chéreau, l'énervation et l'étiolement qui, la deuxième ou troisième année, succèderont à une première et trompeuse vigueur. Cette objection est sans réplique possible aujourd'hui : elle ne peut être rétorquée que par la preuve du contraire ; et cette preuve sera-t-elle faite ? notre raison se refuse à le penser, car elle serait presque contre nature. Tout végétal est éminemment ami de l'air, de la lumière et du soleil ; et, renfermé éternellement dans la serre, il ne peut jouir par l'intermédiaire des vitres des principes nécessaires à sa vie active, à sa conservation, à sa reproduction ; les vitres le privant de ses principes de vie, il ne pourrait que dépérir à la longue.

Voilà ce que dit la théorie ; voilà ce que nous pensons ; le contraire sera-t-il prouvé par les expériences continuées de M. Chéreau ? Nous ne savons, mais nous ne le présumons pas.

Avant de parler de leur culture spéciale, une dernière question nous reste à examiner, celle de savoir lequel des deux moyens est le meilleur : élever les *camellia* en vases, ou les planter en pleine terre.

Sans doute, en ce qui regarde l'élégance et l'aspect grandiose ou pittoresque d'un jardin d'hiver, il est préférable de planter les *camellia* en pleine terre, en compagnie des *rhododendrum*, des *eucalyptus*, des *acacia*, etc., et nous sommes tout le premier à le conseiller; mais alors nous devons signaler l'inconvénient qui en résulte : les arbrisseaux, dégagés de leurs langes, et prenant une allure plus décidée et plus luxuriante, acquièrent un port plus noble et plus grandiose, cela est vrai, mais le plus souvent aux dépens de leur inflorescence; car, dans ce cas, les boutons se montrent beaucoup plus rares, et dans certaines années, on en voit fort peu ou même point du tout.

Tenu un peu étroitement en pots (ou en caisses), et rempoté seulement lorsqu'il y a nécessité, le camellia restera bas, trapu, mais encore vigoureux; il se couvrira chaque année, et selon la variété à laquelle il appartient, de nombreux boutons, qui tous s'épanouiront avec aisance, si on leur a donné opportunément les soins spéciaux dont nous parlerons tout à l'heure.

Il est toutefois un moyen simple d'allier le grandiose de la serre à une floraison à peu près complète des individus confiés à la pleine terre, c'est de n'y planter que des espèces reconnues très-florifères, et de laisser en vases celles qui le sont moins, en en plongeant toutefois les pots dans le sol pour en masquer aux yeux l'aspect assez peu pittoresque.

REMPOTAGE

L'époque la plus favorable pour cette importante

opération n'est pas, comme on l'a conseillé, celle qui suit l'entier achèvement de leur floraison, et précède immédiatement celle de leur sortie à l'air libre, c'est-à-dire vers la fin de mars ou le commencement d'avril, mais bien l'époque du repos de ces plantes, soit en juillet ou août. Le rempotage printanier présente des inconvénients que nous avons à peine besoin de signaler ici : en contrariant le mouvement de la sève, presque toujours en ce moment en pleine activité, il retarde et peut même arrêter l'allongement des jeunes pousses : il peut, en conséquence, annihiler la formation des boutons.

En ne pratiquant l'opération qu'à l'époque que nous indiquons, aucun inconvénient n'est à craindre. On choisit pour cela une journée sombre, un peu humide ; l'on a eu préalablement le soin de ne point mouiller les vases, de manière à en laisser les mottes un peu sécher. On ne coupera pas circulairement la surface des mottes, comme l'enseigne une mauvaise routine, mais on en fera tomber une partie de la terre en la grattant légèrement avec les doigts ; les racines qui passent seront en partie tranchées net, et l'on procédera ensuite comme à l'ordinaire.

Il est bon de tenir à l'ombre, pendant plusieurs jours, les *camellia* nouvellement rempotés, et de les mouiller légèrement aussitôt après l'opération.

Une observation générale à faire au sujet des rempotages, c'est que, contre un usage commun à beaucoup de fleuristes, la terre des pots ne doit pas atteindre le sommet de leurs bords, mais rester à un ou plusieurs centimètres plus bas (selon les dimensions de ceux-ci), afin de permettre aux eaux des arrosements de pénétrer jusqu'au fond, *ce qui n'arrive jamais* sans cette précaution. De là tant de plantes souffreteuses et qui périssent souvent, sans que le cultivateur inhabile soupçonne la cause de leur perte.

SORTIE A L'AIR LIBRE.

Vers le commencement ou au milieu de juin, les *camellia* en pots ou en caisses seront sortis, par une journée pluvieuse (autant que possible), et placés par rangs de hauteur, à l'abri du soleil du midi, dans un endroit aéré, et derrière une haie formée de plantes grimpantes ou d'arbrisseaux en lignes serrées.

Chaque fois que besoin en sera, on bassinera légèrement le feuillage avec une pomme fine d'arrosoir, afin de l'entretenir toujours lisse et propre. Les caisses seront placées sur des tuiles pour éviter la pourriture de leurs pieds ; les pots seront, de préférence, enfoncés en terre, ou placés également sur des tuiles ou des ardoises pour empêcher les lombrics d'y pénétrer.

RENTRÉE EN SERRE.

Nous ne dirons rien des serres propres à la culture

des *camellia* ; elles ne diffèrent en rien de celles que nous avons décrites, et qui sont, comme nous l'avons dit, à deux pentes.

On aura soin de rentrer les *camellia* avant les grandes pluies de l'automne ; mais alors toutes les ouvertures de la serre resteront béantes jour et nuit ; les arrosements et les bassinages seront fréquents et diminueront peu à peu au fur et à mesure de l'approche des froids.

En hiver, l'air sera renouvelé autant que possible chaque jour, et aussi longtemps que la température le permettra.

CHAUFFAGE.

Les *camellia* appartiennent essentiellement à la catégorie des plantes de serre froide. En conséquence, ils ne demandent pas à être chauffés en hiver, à moins que le thermomètre de la serre ne menace d'y descendre au-dessous de zéro. Alors, et dans ce cas seulement, on allumera le fourneau, et on l'alimentera de manière à ce que la température interne ne dépasse jamais 6 degrés. Si le contraire arrivait, il faudrait aussitôt admettre, pendant quelques instants, l'air extérieur pour neutraliser l'excès de la chaleur interne.

Le mode de chauffage sera l'hydrotherme ; car il importe pour tous les genres de culture, à l'exception de celui des plantes grasses, de proscrire de tous les établissements l'ancien mode de chauffage par la circulation de la fumée, dont les immenses inconvénients n'ont plus besoin, grâce à l'intelligence de nos fleuristes, d'être ici signalés.

Quand on ne possède qu'une petite serre, et qu'on ne peut faire autrement, il n'est pas difficile de se dispenser de la chauffer, à l'aide de couvertures qu'on jette sur les vitres et qu'on double, qu'on triple selon l'intensité du froid, surtout du côté de la serre exposé au nord ou au nord-ouest.

MULTIPLICATION.

Comme nous l'avons dit plus haut, la multiplication des arbrisseaux intéressants qui nous occupent n'a rien qui diffère de celle des *rhododendrum*.

Elle a lieu par boutures, par semis et par greffes. Le marcottage et le couchage sont aujourd'hui peu usités, en raison de la longueur du temps que ces procédés demandent pour la radification. Toutefois, le couchage des parties seulement herbacées mérite une exception.

SEMIS.

Livré à lui-même, le camellia fructifie rarement en Europe. Il est donc nécessaire que l'art vienne aider la nature dans cette importante fonction. Nous avons précédemment décrit le procédé de la *fécondation ar-*

tificielle et de *l'hybridisation*, nous n'y reviendrons pas. Nous ajouterons seulement que la fécondation d'une plante peut avoir lieu sur elle-même. Dans cette conjoncture, on n'en devra pas couper les étamines ; mais au moyen d'une petite spathule, on recueillera le pollen des anthères au moment même de son émission, pour en couvrir les stigmates.

L'opération doit être pratiquée le matin (et non le soir), au même moment que celui que nous désignons pour la fécondation des *rhododendrum*. Faite le soir, comme le conseille à tort un auteur, elle n'aurait aucun succès ; la fraîcheur de la nuit intercepterait infailliblement l'insinuation de *l'aura seminalis* par le canal du style dans les ovules ; et, comme nous l'avons dit, le moment le plus favorable est celui qui précède midi.

Le *semis* des graines obtenues se pratique absolument comme nous l'avons dit pour les rosages. On n'attendra pas la déhiscence complète des capsules ; mais on recueillera les graines au moment où on les verra s'entr'ouvrir. On sèmera en terrines sur couche tiède.

Le *bouturage* des *camellia* peut se faire à différentes époques de l'année, à l'exception de celles où ils sont en pleine végétation, c'est-à-dire de mars en mai, et de septembre en novembre. On les fera sur couche tiède et sous cloche ; à froid il ne réussirait pas en partie.

On conçoit qu'on peut multiplier par ce moyen non-seulement toutes les belles variétés d'une collection, mais, au moyen de *mères*, en étendre la propagation à l'infini, en en greffant ensuite les jeunes individus enracinés. On ne choisira pour mères que des individus bien sains et vigoureux, d'une floraison facile ; il est indifférent que les fleurs en soient simples ou doubles.

GREFFAGE.

Les trois sortes de greffage généralement employés pour la multiplication des *camellia* sont ceux dits en fente, en approche et en placage.

Tous trois se pratiquent en toute saison, mais surtout au printemps, et absolument de la même manière que nous l'avons indiquée en parlant des *rhododendrum* et des azalées.

Les greffages en fente et en approche sont les deux modes les plus usités et le plus promptement suivis de résultats certains. En quinze ou vingt jours, par exemple, un camellia greffé en fente peut être bon à livrer ! Greffé en approche, il ne pourra être livré que deux et même trois mois après.

Le temps, l'intérêt, le goût de l'horticulteur, et surtout l'opportunité, décideront du mode à préférer.

Il est inutile toutefois de coucher horizontalement, comme le recommandent quelques écrivains, les jeunes camellia nouvellement greffés. Plantés ordinairement dans de petits godets qu'on enfonce dans la couche, soit tiède, soit froide, ils peuvent avec facilité tenir verticalement, ou à peine inclinés sous une cloche ordinaire. Dans cette situation on leur donnera les soins que nous avons recommandés en pareille occasion pour les rosages et les azalées, c'est-à-dire : ombrage plus ou moins complet, légers bassinages, essuyage fréquent des cloches pour renouveler l'air et éviter les moisissures, etc.

On se gardera bien de greffer les camellia sur des thés, comme l'a conseillé un honorable amateur. Ce dernier arbrisseau, quoique très-voisin, ainsi que nous l'avons dit au commencement de cet article, des camellia par ses caractères botaniques, en diffère néanmoins notablement par un port beaucoup plus humble, une végétation plus lente et moins vigoureuse : dissimilitudes fort inopportunes ici et qui doivent, le point est incontestable pour qui connaît la marche de la nature, influer puissamment sur le sujet confié à une plante grêle et humble de sa nature.

ÉNUMÉRATION DESCRIPTIVE DE QUELQUES CAMELLIA DE CHOIX.

Camellia alba plena. Feuille ovées-allongées, aiguës, brièvement pétiolées, dentées irrégulièrement, de près d'un décimètre de long sur plus de 6 centimètres de large. Boutons gros, ovés, verdâtres. Fleur très-grande, pleine, régulière, imbriquée, bien arrondie, d'un blanc de lait pur.

Camellia alba-rosa virginalis Berl. Feuilles de 12 centim. de long sur 6 de large, ovales-oblongues, acuminées, convexes en dessus, recourbées au sommet, régulièrement dentées, profondément nervées. Boutons ovés-obtus. Fleur pleine, régulière, grande, d'un blanc rosé, extrêmement délicat. Cette teinte passe quelquefois au rose décidé.

— *alexandriana*. Feuilles ovales-lancéolées, canaliculées, subréfléchies, remotidentées d'un vert très-foncé, de 10 cent. de long sur 8 de large. Fleurs grandes, bien doubles, d'un rouge cerise foncé, à reflets un peu violacés.

— *althæœflora*. Feuilles d'environ 12 centim. de long sur 8 de large, serrées, réfléchies, lancéolées. Boutons obtus, rougeâtres. Fleur bien double, étalée, grande, d'un rouge cerise foncé ; centre formé de petits et nombreux pétales, entremêlés d'étamines

— *anemone warrata rosea*. Feuilles de 10 a 11 centim. de long sur 8 de large, ovales-elliptiques, aiguës, irrégulièrement nervées. Fleur grande, pleine, sphérique, d'un rouge cerise nuancé de rouge plus foncé.

— *anemonæflora, alba plena.* Feuilles de la dimension de celles du *C. pomponia plena*. Boutons très-gros, presque arrondis, verts. Fleur très-grande, de plus de 12 centim. de diamètre, pleine, d'un blanc de neige éclatant, dont les pétales extérieurs sont souvent rouges à l'onglet ; ceux de l'intérieur groupés.

— *antwerpiensis* Meens. Feuilles diversiformes, ovales-arrondies, très-aiguës, fortement nervées, quelquefois tachées de jaune, régulièrement dentées. Boutons un peu noirâtres. Fleur assez grande, *semi*-double d'un rouge-orangé ; pétales du centre loriformes, tachés de blanc et entremêlés d'étamines.

— *amabilis plena* Smith. Feuilles de près de 10 centim. de longueur sur 6 de large, ovales-arrondies, réfléchies au sommet, acuminées, régulièrement dentées, fortement nervées. Fleur grande, double, d'un beau rose, plus pâle au milieu.

— *americana* Dunl. Feuilles de 11 centim. de long sur 6 de large, ovales-arrondies, à peine acuminées, finement dentées, convexes et réfléchies. Boutons ovés-oblongs, verts. Fleur grande, pleine, à corolles arrondies, d'un beau rose strié ou taché de rouge.

Camellia apollina. Feuilles de 10 centim. de long sur près de 7 de large; ovales-arrondies, subcordiformes à la base, d'un vert sombre, fortement multinervées. Fleur grande, pleine, d'un rose tendre; pétales du centre groupés.

— *atroviolacea*. Fleur grande, régulière, d'un rouge d'abord clair, puis foncé.

— *augusta rubra aurantia*. Feuilles de 8 centim. de long sur 5 de large, ovales-lancéolées, acuminées, fortement dentées, d'un vert mat. Bouton oblong. Fleurs grandes, double, d'un rouge orangé foncé.

— *augusta superba*. Feuilles de grandeur médiocre, ovales-oblongues, subacuminées. Boutons noirâtres à la base, verdâtres au sommet. Fleur assez grande, presque double, d'un rouge cerise plus ou moins foncé; pétales du centre très-étroits, entremêlés d'étamines presque toutes pétaloïdes.

— *Barni*. Voyez *Carswelliana*.

— *Bellina major* Cas. Fleur grande, double, d'un rouge clair, passant ensuite au foncé et veiné de pourpre; pétales du centre étroits, groupés, légèrement striés de blanc et entremêlés d'étamines souvent avortées.

— *Bianchi* Cas. Boutons très-gros, arrondis, verdâtres. Fleur grande, globuleuse, pleine, d'un beau rouge cerise; pétales du centre irréguliers.

— *Blackburniana*. Feuilles de 11 centim. de long sur 5 de large, oblongues-lancéolées, distantes, assez semblables à celles du *C. althæflora*. Boutons allongés, aigus. Fleur très-grande, d'un rouge cerise foncé; pétales du centre nombreux, serrés, courts.

— *Bonardii* Paillet. Feuilles de 9 centim. de long sur 5 de large, ovales arrondies, épaisses, profondément nervées, fortement dentées. Boutons allongés, verdâtres. Fleur grande, pleine, régulière, d'un blanc, à reflets légèrement rosés; pétales quelquefois obsolétement striés de rouge. La fleur est assez souvent irrégulière.

— *Brockii*. Fleur pleine, régulière, panachée de stries blanches nettes et bien tranchées.

— *Brocksiana*. Feuilles de 8 centim. de long sur 6 de large, ovales-arrondies, presque cordiformes, quelquefois tachées de jaune, profondément nervées. Boutons gros, oblongs, verts à la base, blanchâtres au sommet. Fleur assez grande, semi-double, d'abord rose, puis d'un rouge cerise, bien étalée.

Camellia cactiflora. Feuilles de 9 centim. de long sur 6 de large, ovales-oblongues, lancéolées, très-acuminées, distantes, largement dentées, fortement nervées. Fleur semi-double, d'un rouge orangé foncé; pétales du centre petits, groupés, entremêlés d'étamines.

— *Calypso* Mar. Feuilles ovales-allongées, subréfléchies. Boutons obtus, blanchâtres. Fleur double, blanche, grande; pétales du centre nombreux, petits, irrégulièrement groupés.

— *candidissima*. Feuilles de 6 centim. de long sur 4 de large, elliptiques ou ovales-allongées, aiguës, planes, épaisses, très-finement dentées, d'un vert pâle, souvent taché de jaune. Boutons ovales, blanchâtres. Fleur très grande, pleine, d'un blanc très-pur, bien imbriquée, très-régulière.

— *carswelliana*. Feuilles de 9 centim. sur 7 de large, ovales-arrondies, subacuminées, épaisses, régulièrement dentées, à nervures saillantes. Boutons gros, ovés, obtus, verdâtres. Fleur moyenne, pleine, d'un rouge cerise, très-régulière, imbriquée: pétales lignés de rose.

— *Chandlerii* et *Chandlerii striata*. Feuilles de 11 centim. de long sur 8 de large, ovales-arrondies, subacuminées, obliquement recourbées au sommet, fortement dentées. Boutons gros, ovés, à écailles mi-parties noirâtres et jaune rougeâtre. Fleur grande, double, étalée, d'un rouge orangé superbe; pétales arrondis mucronés; ceux du centre petits, dressés, cucullés, quelquefois panachés de blanc.

— *claritas*. Feuilles de 10 centim. de long sur 4 à 5 de large, ovales-lancéolées, un peu irrégulières. Boutons ovés, obtus, jaunâtres. Fleur grande, double, blanche, étalée; pétales du centre nombreux, courts, groupés en anémone.

— *cliviana*. Feuilles de 9 centim. de long sur 6 de large, ovales-allongées, très-acuminées, rapprochées, fortement dentées. Boutons très-gros, ovés, verts. Fleur très-grande, hypocratérimorphe, rose ou rouge cerise, très-double, presque régulière; au centre, un cœur formé de pétales plus petits et quelquefois striés de blanc.

— *Cockii* ou *Triomphe de Gand* Cock. Feuilles épaisses, arrondies, d'un vert très-foncé. Boutons déprimés, verdâtres. Fleur grande, bien double, d'un rouge orangé foncé, régulière : pétales du centre presque nuls (2, 3) ou embrassant quelques étamines.

Camellia cœlestina. Feuilles de 7 centim. et plus de long sur 6 de large, ovales-allongées, subrecourbées au sommet. Boutons ovés, obtus, verdâtres. Fleur grande, pleine, d'un rose tendre, très-régulière, imbriquée.

— *Colombo* Mar. Feuilles allongées, sublancéolées, très-aiguës, lancéolées, fortement dentées, subréfléchies. Boutons arrondis, verdâtres. Fleur très-grande, pleine, d'un rouge cerise; pétales du centre fasciculés et d'une teinte différente.

— *Colvillii* (*vera*). Feuilles de 14 centim. de long sur 8 de large, ovales-arrondies subacuminées, fortement dentées, épaisses, réfléchies au sommet en dessous, à nervures très-saillantes. Boutons très-gros, noirâtres. Fleur très-grande, d'un rose clair; forme de celle du *C. punctata plena.* Elle émet une légère odeur.

— *comtesse Hartig* Mar. Feuilles ovales allongées, aiguës, réfléchies au sommet. Boutons oblongs, noirâtres. Fleur moyenne, pleine, d'un rouge orangé foncé; pétales extérieurs étalés, les suivants relevés; ceux du centre nombreux, inégaux, allongés.

— *concinna.* Feuilles de 7 centim. de long sur 5 de large, ovales arrondies, épaisses, très-aiguës, fortement nervées, peu dentées. Boutons gros, pyramidaux, verdâtres. Fleur grande, pleine, évasée en coupe, d'un rouge cerise, bien imbriquée, très-régulière.

— *Coquetii.* Feuilles allongées, d'un vert foncé. Fleur moyenne, pleine, d'un rouge orangé clair, très-régulièrement imbriquée, arrondie.

— *corallina.* Feuilles de 13 centim. de long sur 5 à 6 de large, lancéolées, acuminées, subréfléchies, presque entières. Boutons gros, obtus, jaunâtres. Fleur moyenne, presque double, d'un rouge cerise foncé; pétales quelquefois panachés de blanc; quelques étamines au centre.

— *coronata* Low. Fleur moyenne de 9 centim. de diamètre, pleine, d'un rouge cerise clair, lavé de rose, finement veinées, d'un rouge vif; pétales du centre allongés, étroits, réclinés.

— *crassinervis* Chandler. Feuilles moyennes ovales-oblongues, convexes, réfléchies, fortement nervées, à peine dentées. Boutons gros, obtus, noirâtres. Fleur grande, pleine, très-élégante, imbriquée, d'un rouge cerise.

13.

Camellia cruciata. Fleur moyenne, double, d'un rouge orangé foncé ; pétales nombreux, partagés par deux larges lignes croisées et d'un blanc pur.

— *curvatifolia*. Feuilles de 8 centim. de long sur près de 4 de large, lancéolées, aiguës, à sommet fortement réfléchi en dessous, nervures très-apparentes. Fleur blanche, grande, régulière, à à doubles pétales du centre irréguliers.

— *dahliæflora* ou *ignescens* Cas. Feuilles de 9 centim. de long sur 5 de large, ovales-lancéolées, gaufrées, fortement nervées et dentées. Boutons arrondis, jaunâtres. Fleur grande, double, d'un rouge cerise, bien imbriquée ; pétales du centre petits, étalés, entremêlés d'étamines fertiles.

— *decora* (*vera*). Feuilles de 10 centim. de long sur 9 environ de large, ovales-arrondies, subcordiformes, subaiguës. Boutons très-gros, obtus, noirâtres à la base, verdâtres au sommet. Fleur grande, pleine, d'un rouge cerise ; pétales frangés, régulièrement imbriqués, diversiformes ; ceux du centre difformes.

— *delectabilis*. Feuilles de 9 centim. de long sur 6 de large, ovales-allongées, irrégulières. Boutons noirâtres. Fleur double, blanche, de grandeur moyenne.

— *delicatissima*. Feuilles de 5 centim. de long sur près de 7 de large, ovales-oblongues, atténuées aux deux extrémités, acuminees au sommet. Fleur grande, blanche, double ; pétales du centre en cœur très-dense, striés de rose.

— *derbyana* (*vera*). Feuilles de 9 centim. de long sur 6 de large, ovales-arrondies, très-acuminées, profondément nervees, finement dentées, quelquefois panachées de jaune. Boutons très-gros, oblongs, pointus, verts. Fleur très-grande, très-double, d'un rouge orangé foncé, superbe ; pétales du centre roses, étroits, entremêlés d'étamines avortées.

— *Doncklaeri*. Feuilles de 11 centim. de long sur 6 de large, ovales-oblongues, planes, atténuées à la base, acuminées, réfléchies au sommet, régulièrement dentées. Boutons verts ; squamines roses à la base. Fleur grande d'un rouge cerise, maculé et jaspé de blanc ; pétales du centre cucullés, entremêlés d'étamines pétaloïdes.

— *Drouard-Gouillon*. Port élégant ; joli feuillage. Boutons assez gros, un peu allongés. Fleur grande, pleine, blanche.

— *Duc d'Orléans*. Feuilles diversiformes de 10 centim. de long sur 5 de large, ovales-arrondies, subacuminées, épaisses, reflechies, profondément nervées. Boutons gros , obtus , jaunâtres. Fleur pleine, arrondie , composée de nombreux pétales égaux, diversiformes , d'un rouge cerise; pétales du centre fascicules.

Camellia Duchesse d'Orléans Berl. Feuilles de 2 centim. de long sur 7 de large, ovales, acuminées, régulièrement dentées. Boutons obtus, jaunâtres. Fleur grande, pleine, à fond blanc, strié de pourpre ; pétales imbriqués.

— *Eclipse*. Voyez *C. punctata plena*, dont il est une variété.

— *Eclipse* ou *Regina Galliarum*. Feuilles et boutons comme ceux du *C. imperialis*. Fleur grande, pleine, bombée, à fond blanc, moucheté de rose; pétales plisses et striés.

— *elata nora*. Feuilles de plus de 12 centim. de long sur 6 de large, ovales-lancéolées, réfléchies, très-épaisses, aiguës et recourbées au sommet, fortement nervées, largement dentées. Boutons ovés-oblongs, aigus, verts. Fleur très-grande, d'un rouge orangé, très-double, bien imbriquée; pétales du centre petits, entremélés des styles.

— *elegans Chandleri*. Feuilles de 10 centim. et plus de long sur 5 de large, ovales-lancéolées, fortement dentées, à nervures saillantes. Boutons gros, arrondis, verdâtres. Fleur très-grande, très-double, d'un rouge cerise passant au rose, et quelquefois panachée de blanc; pétales du centre fascicules, nombreux, striés de rose.

elegantissima. Feuilles crénelées, très-aiguës. Fleur pleine, grande, d'un beau rouge cerise, quelquefois rosée, nuancée de carmin; pétales du centre nombreux, semi-cucullés, rapproches-groupés.

— *elegantissima striata*. Feuilles grandes, ovales lancéolées, fortement nervées. Fleur double, moyenne, à fond blanc strié de rose.

— *Elphinstonia*. Feuilles de 10 centim. de long sur 7 de large, ovales-arrondies, subdentées. Boutons gros, d'un vert noirâtre. Fleur moyenne, d'un rouge cerise foncé, quelquefois panachée de blanc; pétales du centre petits, nombreux, cucullés, groupés.

— *Emilia grandiflora*. Feuilles assez grandes, recourbées et acuminées au sommet, profondément nervées et dentées. Boutons gros, obtus, jaunâtres. Fleur grande, pleine, rose, irrégulière.

Camellia eximia (*vera*). Feuilles grandes, ovales-lancéolées, acuminées, fortement dentées. Boutons gros, obtus, jaunâtres. Fleur grande, très-pleine, d'un orangé foncé, quelquefois striée de blanc, bien imbriquée.

— *fenestrata alba.* Feuilles de 9 centim. de long sur 5 de large, ovales-allongées, obsolètement nervées, régulièrement dentées. Boutons extrêmement gros, obtus, noirâtres. Fleur grande, très-pleine, d'un blanc de lait, subirrégulièrement imbriquée.

— *fimbriata.* Feuilles comme celles du *C. alba plena.* Boutons gros, arrondis, d'un jaune noirâtre. Fleur grande, pleine, régulièrement imbriquée; pétales finement dentés.

— *fimbriata rubra* Moens. Feuilles ovales-arrondies, quelquefois allongées. Boutons ovés-acuminés, gros, verdâtres. Fleur moyenne, très-double, d'un rouge cerise foncé; pétales extérieurs quinque-sériés; ceux du centre petits, diversiformes.

— *florida* ou nid d'oiseau (*nidus avis*). Feuilles ovales-arrondies, subacuminées, réfléchies en dessous, finement dentées. Boutons gros, noirâtres. Fleur moyenne, pleine, régulièrement imbriquée, d'un rouge cerise. Au centre les pétales sont très-petits et disposés de telle sorte que l'on compare la fleur à un nid d'oiseau.

— *Floy.* Voyez **Grand Frédéric.**

— *Fordii.* Feuilles de 8 centim. de long sur 5 de large, ovales-acuminées. Fleur moyenne, très-double, très-régulière, d'un rose tendre, quelquefois vif.

— *formosa* Feuilles de 9 centim. de long sur 5 de large, ovales-lancéolées, acuminées, fortement nervées. Boutons ovés-oblongs, verdâtres. Fleur très-grande, double, d'un beau rouge cerise.

— *francofurtensis* Kin. Feuilles ovales oblongues, ou ovales-arrondies, réfléchies au sommet. Boutons gros, ovés-pointus, jaunâtres. Fleur grande, pleine, régulière, d'un rouge clair passant au rose.

— *Futung.* Feuilles de 9 centim. de long sur 6 de large, ovales-arrondies, subacuminées, fortement veinées. Boutons gros, ovés-obtus, noirâtres à la base, blanchâtres au sommet. Fleur

grande, pleine, d'un rouge orangé ou cerise foncé ; pétales extérieurs bi-ou tri-sériés, amples, épars, frangés ; ceux de l'intérieur diversiformes, fasciculés.

Camellia Gilliesii, ou *Nancy Dawson*, ou *Dark coccinea*. Feuilles de
10 centim. de long sur 5 de large, ovales-allongées, réfléchies
au sommet. Boutons oblongs, subacuminés, verdâtres. Fleur
moyenne, pleine, d'un rouge orangé, irrégulière ; pétales du
centre en un cœur bombé ; les extérieurs quelquefois maculés
de blanc.

— *Goussonia* (*vera*). Feuilles de 9 centim. de long sur 6 de large,
ovales-arrondies, subacuminées, légèrement veinées. Boutons
gros, aigus, verts. Fleur grande, bien double, rose.

— *Grand Alexandre* Mar. Feuilles très-amples, très-aiguës au sommet, fortement dentées. Boutons ovés-obtus, verdâtres. Fleur
grande, pleine, rose ou rouge cerise, bien imbriquée ; pétales
du centre peu nombreux, irrégulièrement disposés.

— *Grand Frédéric*, ou *Floy*. Feuilles de 16 centim. de long sur 9
de large, épaisses, rigides, planes, subacuminées, ovales-
lancéolées, fortement nervées, profondément dentées, longuement pétiolées. Boutons très-gros, ovés-obtus, verdâtres.
Fleur très-grande, déprimée, pleine, d'un beau rouge cerise ;
pétales de la circonférence 5-6-sériés, bien imbriqués ; ceux
du centre irrégulièrement disposés.

— *Grunelli*. Feuilles de 10 centim. de long sur 8 de large, ovales-
allongées, lancéolées, épaisses, fortement nervées et dentées.
Boutons gros, ovés-obtus, verdâtres. Fleur pleine, grande,
d'un blanc pur ; pétales extérieurs quadri-sériés ; ceux du centre petits, nombreux, fasciculés.

— *gubernativa* Mar. Feuilles amples, ovales-allongées. Boutons
gros, jaunâtres. Fleur très-grande, pleine, bien imbriquée,
d'un rouge cerise.

— *Harrisonii*. Feuilles de 8 centim. de long sur 5 de large, ovales-
arrondies, réfléchies, fortement nervées et dentées. Boutons
ovés-oblongs, mi-partis verdâtres et noirâtres. Fleur assez petite, bien faite, d'un blanc très-pur.

— *Haylokii*. Feuilles de 14 centim. de long sur environ 7 de large,
ovales-allongées, acuminées, fortement nervées et dentées.
Boutons ovés-obtus, blanchâtres. Fleur grande, pleine et d'un
blanc de lait pur ; pétales externes subtri-sériés ; les internes
étroits, allongés, groupés en cœur d'anémone.

Camellia Hendersoni. Feuilles ovales-lancéolées, épaisses, très-acuminées. Boutons verdâtres. Fleur grande, pleine, d'un rose tendre, très-régulière et bien imbriquée.

— *Henry Favre.* Feuilles de 13 centim. de long sur 6 de large, ovales-lancéolées, acuminées, épaisses, profondément dentées et nervées. Boutons verdâtres. Fleur grande, pleine, bombée, régulièrement imbriquée, d'un rouge cerise.

— *heteropetala alba.* Feuilles ovales-allongées, assez amples. Boutons gros, obtus, verts. Fleur grande, bien double, d'un blanc de lait ; pétales de la circonférence sur quatre rangs bien imbriqués ; ceux du centre groupés et subfrangés au sommet.

— *hosackia* Floy. Feuilles de 8 centim. de long sur 4 de large, ovales-allongées, acuminées, recourbées au sommet, minces, finement dentées et nervées. Boutons oblongs-obtus, verdâtres. Fleur grande, bien double, d'un rouge cerise foncé ; pétales régulièrement imbriqués ; ceux du centre très-nombreux, petits, groupés.

— *incarnata.* Feuilles de 10 centim. de long sur 6 de large, ovales-lancéolées, profondément dentées et nervées. Fleur grande, imbriquée, d'un rose carné.

— *incomparabilis.* Feuilles de 10 centim. de long sur 8 de large, ovales-arrondies ou lancéolées, acuminées. Boutons oblongs-aigus, noirâtres. Fleur grande, semi-double, d'un rouge orangé foncé.

— *imbricata.* Feuilles de 10 centim. de long sur 5 de large, ovales-lancéolées, convexes, finement dentées. Boutons arrondis, assez gros, verdâtres. Fleurs grandes, régulièrement imbriquées, rouge cerise ; pétales du centre maculés ou striés de blanc.

— *imbricata alba.* Feuilles de 10 à 13 centim. de long sur plus de 8 de large, ovales-elliptiques, atténuées aux deux extrémités. Fleur bien pleine, bombée, régulièrement imbriquée, blanche, striée de rouge ou de rose.

— *imperialis.* Feuilles de 9 centim. de long sur 7 de large, ovales-arrondies, très-acuminées, à pointe contournée en dessous, fortement dentées et nervées. Boutons ovés-obtus, verts. Fleur grande, pleine, irrégulière, à fond blanc régulièrement rayé ou strié de rose ; pétales du centre en cœur arrondi et striés comme ceux de la circonférence.

— *Juliana.* Boutons oblongs, verdâtres. Fleur moyenne, pleine, à fond blanc, ligné de rouge, régulière, bien faite, concave, imbriquée.

Camellia king's royal ou *spectabilis maculata*. Feuilles de 10 centim. de long sur 7 de large, variant de grandeur et de forme. Boutons obtus, rayés de noirâtre et de jaunâtre. Fleur grande, pleine, assez irrégulière, à fond blanc, strié de rouge pâle; pétales du centre courts, groupés en cœur d'anémone.

— *Kingston*. Feuilles de 8 ou 9 centim. de long sur 5 ou 6 de large, ovales-arrondies, épaisses, subgaufrées. Boutons ovés-obtus, verts. Fleur pleine, grande, assez irrégulière, d'un rose tendre.

— *Knightii eximia*. Feuilles petites, ovales, très-acuminées, recourbées au sommet. Boutons allongés-aigus, puis oblongs-obtus. Fleur semi-double, assez petite, rose, et plus tard d'un rouge cerise; pétales du centre petits, serrés, entremêlés d'étamines.

— *lady Eleonora Campbell*. Feuilles moyennes. Boutons gros, oblongs, jaunâtres. Fleur grande, rouge cerise; pétales du centre, irrégulièrement groupés, mais d'un bel effet.

— *lady Grafton*. Feuilles de 8 centim. de long sur 6 de large, ovales-allongées ou arrondies, fortement nervées, à pointe recourbée. Fleur bombée, irrégulière; pétales de la circonférence peu nombreux, amples; ceux du centre redressés, denses, formant la boule.

— *lady Henriette*. Feuilles petites, diversiformes. Boutons arrondis, verdâtres. Fleur moyenne, pleine, régulière, formant le cœur du milieu et bien imbriquée, à fond blanc strié ou ligné de rose ou de rouge.

— *Landrethii*. Feuilles de 10 centim. de long sur 6 de large, lancéolées, assez profondément veinées et dentées. Boutons ovés-obtus, verdâtres. Fleur grande, pleine, bien imbriquée d'un rose plus ou moins foncé.

— *latifolia macrantha*. Feuilles de plus de 10 centim. de long sur 8 de large, ovales-arrondies ou allongées, très-épaisses, profondément nervées et dentées. Boutons ovés-obtus, très-gros, verts. Fleur grande, très-pleine, d'un rouge cerise plus ou moins foncé; pétales externes bi-tri-sériés, les internes inégaux, fasciculés.

— *latifolia nova*. Feuilles de 8 centim. de long sur presque autant de large, ovales arrondies, à sommet recourbé. Fleur pleine, moyenne, d'un rouge cerise; pétales du centre irréguliers, frangés.

Camellia leeana superba ou *coccinea major* Sieb. Feuilles de 8 cent. de long sur 5 de large, ovales-arrondies, subcordiformes à la base, subacuminées. Boutons très-gros, oblongs, verdâtres. Fleur très-grande, très-pleine, hypocratérimorphe, bien imbriquée, d'un rouge uniforme ou diapré de blanc; pétales du centre fasciculés.

— *Lefevriana.* Feuille de 8 centim. de long sur 6 de large, ovales-arrondies, acuminées, profondément nervées. Boutons gros, obtus, verts. Fleur moyenne, pleine, irrégulière, d'un rouge cerise, panaché quelquefois de blanc; pétales externes, subbisériés; ceux des autres fasciculés, groupés.

— *lineata.* Feuilles de 10 centim. de long sur 6 de large, ovales-oblongues, très-acuminées, fortement nervées. Boutons gros, verdâtres. Fleur pleine, moyenne, bien étalee, à fond blanc, striée de rose; pétales du centre petits, fasciculés.

— *Lombardii.* Fleur grande, bien faite, pleine, régulièrement imbriquée, d'un rouge cerise, strié de blanc.

— *Londiniensis alba.* Boutons assez gros, jaunâtres. Fleur double, moyenne, d'un blanc pur; pétales externes, pluri-séries, imbriqués; les internes groupés irrégulièrement.

— *maculata superba.* Boutons très-gros, obtus, verdâtres. Fleur grande, pleine, à fond blanc rosé, légèrement strié de pourpre clair; centre en cœur d'anémone.

— *mackayana.* Feuilles de 8 centim. de long sur 6 de large, ovales, épaisses, fortement nervées, quelquefois mouchetées de jaune. Fleur moyenne, double, rose, veinée de pourpre; pétales du centre très-irréguliers et entremélés d'étamines pétaloïdes ou normales.

— *magniflora plena.* Feuilles grandes, ovales arrondies, subcordiformes à la base, épaisses, rigides. Boutons oblongs, gros, verts. Fleur grande, très-double, régulière, d'un rouge cerise foncé; pétales externes tri-sériés; ceux du centre petits, arrondis, groupés régulièrement

— *marquise d'Exeter.* Encore peu connu. Fleur très-pleine, d'un grand diamètre, bien faite, d'un beau rose.

— *master double red.* Feuilles assez grandes, ovales, obtuses, à bords roulés en dessous, fortement nervées. Boutons jaunâtres.

Fleur grande. double , d'un rouge orangé, quelquefois panachée de blanc.

Camellia master Picoti. Feuilles de 9 centim. de long sur 5 de large, ovales-oblongues, très-finement dentées, recourbées au sommet. Boutons obtus, jaunâtres. Fleur pleine, grande, d'un rouge ponceau ; pétales externes 4-sériés, imbriqués ; ceux du centre dressés, ondulés.

— *meteor*. Feuilles de 8 centim. de long sur 4 de large, acuminées, fortement dentées. Fleur grande, d'un rouge orangé, foncé ; pétales du centre nombreux, serrés, formant un cœur arrondi.

— *minuta*. Feuilles assez grandes, presque arrondies, subatténuées aux deux extrémités. Fleur moyenne, très-régulière, d'un rouge cerise foncé ; pétales imbriqués ; ceux du centre presque réguliers.

— *mirra* Mar. Feuilles variant de forme et de grandeur, généralement ovales-arrondies. Boutons gros, oblongs, verdâtres. Fleur grande, bien double , d'un rouge cerise ; pétales externes plurisériés , assez irrégulièrement imbriqués ; les internes petits , dressés, inégaux, formant le cœur.

— *mutabilis Traversii*. Feuilles amples, subconvexes, nerveuses, saillantes. Fleur régulière , bien imbriquée , de 9 centim. de diamètre, d'un rose tendre, passant ensuite au violet pâle ; pétales très-nombreux, marginés de blanc d'un côté, et en général marqués au milieu d'une ligne blanche ; forme florale concave.

— *myrtifolia* ou *involuta*. Feuilles petites , de 5 centim. de long sur 4 de large, ovales-lancéolées. Boutons assez petits , ovés-aigus, verdâtres. Fleur grande, bien faite, imbriquée d'un beau rouge amarante foncé aux bords, d'un rose pâle au centre ; légère odeur.

— *neriiflora*. Feuille de 13 centim. de long sur 6 de large, ovales-lancéolées. Boutons obtus, jaunâtres. Fleur grande, pleine , d'un rouge ponceau foncé ; pétales externes subbi-sériés , bien imbriqués, entremêlés de plus petits ; ceux du centre inégaux, diversiformes, groupés en cœur irrégulier.

— *nobilissima*. Feuilles de 10 centim. de long sur 7 de large , généralement ovales-arrondies , acuminées , épaisses , fortement nervées et dentées. Boutons obtus, jaunâtres. Fleur grande, pleine, blanche; pétales externes 4-5-sériés, nombreux, bien imbriqués; ceux du centre inégaux, bien groupés.

Camellia oxriglomana superba. Feuilles grandes, ovales-allongées, profondément nervées. Boutons très-gros, jaunâtres. Fleur moyenne, pleine, régulièrement imbriquée, d'un rouge cerise clair, quelquefois marqué de blanc.

— *Palmer's carnea.* Feuilles ovales-allongées, gaufrées, diversiformes. Boutons gros, allongés-acuminés, jaunâtres. Fleur grande, bien faite, étalée, d'un rouge cerise plus ou moins foncé.

— *Palmer's Cavendishii* (Cavandesii?). Feuilles diversiformes, recourbées au sommet. Boutons arrondis, verdâtres. Fleur grande, régulièrement imbriquée, d'un rouge cerise, souvent lignée de blanc.

— *Palmer's perfection.* Boutons gros, oblongs, verdâtres. Fleur grande, d'un rouge cerise foncé; pétales extérieurs sériés, amples, imbriqués; les intérieurs à peu près conformes, plus petits et moins régulièrement disposés; légère odeur.

— *Parini.* Feuilles de 12 centim. de long sur 8 de large, ovales-lancéolées ou allongées, recourbées au sommet, largement et régulièrement dentées. Boutons ronds, déprimés, très-gros, verdâtres. Fleur grande; pétales extérieurs 4-5-sériés, régulièrement imbriqués, roses ligné de rouge; les intérieurs petits, nombreux, inégaux, diversement groupés en une touffe arrondie.

— *Perruchinii* Berl. Feuilles de 9 centim. de long sur 5 de large, ovales-oblongues, subacuminées, fortement nervées et dentées, épaisses. Boutons très-gros, ovés-oblongs, déprimés au sommet, verdâtres. Fleur très-grande, pleine, d'un rouge cerise; pétales de la circonférence peu nombreux, amples, les suivants diversiformes, les intérieurs fasciculés, formant une large touffe.

— *pictorum coccinea.* Feuilles grandes, canaliculées, faiblement dentees. Boutons gros, verdâtres. Fleur grande, pleine, régulièrement imbriquée, d'un rouge cerise.

— *pictorum rosea.* Feuille de près de 9 centim. de long sur 5 de large, ovales-oblongues, subacuminées. Boutons ovés-obtus, verdâtres. Fleur grande, pleine, très-régulièrement imbriquée, d'un rose tendre.

Camellia picturata. Feuilles de 11 cent. de long sur 9 de large, ovales-elliptiques, acuminées-recourbées au sommet. Fleur grande, très-double, de forme bombée; pétales irréguliers, d'un blanc pur ou striés de rouge; quelques étamines au centre.

— *philadelphica.* Feuilles de 9 centim. de long sur 5 de large, ovales-lancéolées. Fleur très-grande, d'un beau rose, quelquefois taché de blanc, assez semblable à celle du *C. pulcherrima.*

— *Pluton.* Feuilles grandes, lancéolées, fortement nervées. Boutons obtus verdâtres. Fleur grande, pleine, régulièrement imbriquée, d'un rouge cerise.

— *Prattii.* Feuilles de 12 centim. de long sur 7 de large, ovales-lancéolées, très-acuminées, subdentées. Fleur grande, très-régulièrement imbriquée, d'un rouge cerise, marquée au centre de chaque pétale d'une ligne blanchâtre.

— *Preston eclipse.* Feuilles et boutons comme dans le *C. imperialis.* Fleur grande, d'un rouge cerise clair; pétales extérieurs sub-tri-sériés, étalés; les suivants dressés, lacérés, formant entre eux une touffe arrondie.

— *Priestley's Victoria vera.* Pétales irrégulièrement imbriqués, rouges, avec des stries blanches, inconstantes.

— *pulcherrima* ou *Rolleni.* Feuilles de 10 centim. de long sur 8 de large, ovales-lancéolées, acuminées, finement dentées. Boutons ovés-oblongs, verts. Fleur très-grande, double, d'un rose clair; pétales de la circonférence quadri-sériés, régulièrement disposés; ceux du centre sériés, d'un rose uniforme ou quelquefois striés ou panachés de blanc; étamines stériles.

— *punctata major,* Feuilles de 10 à 11 centim. de long sur 9 de large, ovales, finement veinées, recourbées à la pointe. Fleur grande, pleine, fond d'un blanc rosé, finement striée ou maculée de rouge foncé; forme de la fleur du suivant.

— *punctata plena.* Feuille de 9 centim. de long sur 7 de large, ovales, subarrondies, fortement nervees et dentées. Boutons gros, obtus, verts. Fleur moyenne, pleine, à fond rose, lignée de rouge; pétales de la circonférence, amples; ceux du centre petits, dressés; forme de celle du *C. imperialis.*

— *Reevesii* (*vera*). Feuilles de 10 centim. de long sur 6 de large, inclinées ovales-lancéolées. Boutons gros, coniques, verdâtres. Fleur grande, double, d'un rouge orangé foncé; pétales de la circonférence, lisérés, très-amples, subcanaliculés; ceux du centre allongés, frangés, disposés en une voûte, sous laquelle se montrent des étamines.

Camellia regalis. Boutons gros, allongés-aigus, verdâtres. Fleur moyenne double, d'un rouge cerise vif, étalée, formant une corolle évasée, comme celle du *C. corallina.*

— *reine d'Angleterre.* Feuilles diversiformes, légèrement dentées, réclinées. Boutons arrondis, verts. Fleur grande, pleine, striées, blanches (ou tachées de rouge ou de rose); pétales externes 4-sériés, amples, inégaux, régulièrement étalés; ceux du centre fasciculés, petits, formant une touffe irrégulière.

— *rosa mundi.* Feuilles semblables à celles du *C. punctata plena.* Boutons gros, allongés, jaunâtres. Fleur moyenne, double, à fond rose, striée de rouge; pétales de la circonférence sériés, ovales-allongés, inégaux, irrégulièrement imbriqués; ceux de l'intérieur diversiformes, peu nombreux; tous striés de rouge.

— *rosa (nova sp.).* Feuilles de 8 centim. de long sur 5 de large, ovales-oblongues, très-acuminées, irrégulières. Boutons petits, oblongs, verts et rougeâtres. Fleur assez petite, pleine, d'un rouge ou d'un rose violacés, très-régulièrement imbriquée.

— *rosa triumphans.* Feuilles diversiformes. Boutons oblongs, verdâtres. Fleur moyenne, très-double, rose clair; pétales extérieurs tri-sériés, étalés; ceux du centre irréguliers, inégaux, entremêlés d'étamines.

— *rosetta.* Feuilles de 5 centim. de long sur 4 de large, ovales-arrondies, finement dentées. Boutons très-gros, obtus, jaunâtres. Fleur grande, pleine, rouge cerise; pétales extérieurs subbi-sériés, les intérieurs groupés en cœur d'anémone.

— *Sacco* ou *color di lacca.* Fleurs de 12 centim. de long sur 6 de large, ovales-lancéolées. Boutons gros, ovés-allongés, verdâtres. Fleur grande, pleine, rose, régulièrement imbriquée; au centre quelques pétales inégaux, d'un rose plus intense à la base que les premiers et subblanchâtre au sommet.

— *sophiana* Poit. Feuilles ovales, faiblement acuminées, légèrement dentées. Boutons gros, coniques. Fleur double, très-grande; pétales peu nombreux, mais très-amples, bien imbriqués; ceux du centre érigés; filets staminaux fasciculés.

— *speciosa (vera).* Feuilles de 9 centim. de long sur 7 de large, ovales-arrondies, faiblement acuminées, subdentées. Boutons noirâtres et verts. Fleur grande, pleine, d'un rouge cerise: pétales extérieurs sub-trisériés, symétriquement étalés ; ceux du centre nombreux , groupés irrégulièrement , une petite tache blanche au sommet.

Camellia spectabilis. Feuilles grandes, semblables à celles du *C. varie-gata plana*. Boutons verdâtres. Fleur moyenne, double, rose ; pétales extérieurs régulièrement imbriqués tri-sériés, panachés quelquefois de blanc ; les intérieurs plus repliés inclinés vers le centre, entremêlés d'étamines et souvent striés de blanc.

— *spectabilis maculata*. Voyez *C. king's royal*.

— *spiralis*. Feuilles très-amples, ovales-arrondies, à sommet aigu, recourbé, fortement dentées et nervées. Boutons très-gros, verts. Fleur grande, pleine, d'un rouge cerise, déprimé ; pétales de la circonférence très-nombreux, amples, inégaux, assez régulièrement imbriqués, étalés ; ceux du centre irrégulière-ment disposés et diversiformes.

— *splendidissima* Berl. Feuilles de 12 centim. de long sur 9 de large, ovales-arrondies, subcordiformes à la base , légèrement dentées. Boutons gros, ovés, obtus, verdâtres. Fleur pleine , blanche ; pétales de l'extérieur nombreux, étalés, très-serrés ; ceux du centre étroits, allongés, groupés.

— *spofforthiana*. Feuilles diversiformes, plus ou moins ovales-ar-rondies, épaisses, fortement nervées, rémotidentées. Boutons très-gros, verdâtres. Fleur grande , pleine, d'un beau blanc, striée de rouge et de rose ; assez semblable à celle du *C. Col-villii*.

— *squamosa*. Feuilles de 10 centim. de long sur 6 de large , ovales-oblongues, légèrement acuminées. Boutons gros, obtus, noirâ-tres. Fleur assez grande, pleine , d'un rouge foncé, très-régu-lièrement imbriqué (d'où son nom) ; pétales quelquefois maculés de blanc vers les bords.

— *Sweetii (vera)*. Feuilles de plus de 9 centim. de long sur plus de 7 de large, ovales-arrondies, à peine aiguës, épaisses, profon-dément dentées et nervées. Boutons gros, obtus, verts ou sub-noirâtres. Fleur grande, pleine, ordinairement très-régulière-ment imbriquée, à fond rosé, marquée de nombreuses stries rouges ; quelquefois cette fleur est irrégulière.

— *Terzii* ou *Terziana*. Feuilles assez grandes, ovales-lancéolées, recourbées au sommet, d'un jaune verdâtre. Boutons arrondis, obtus, gros, noirâtres. Fleur moyenne, régulièrement imbri-quée, d'un rouge orangé foncé, quelquefois striée de blanc vers le centre; pétales du milieu souvent comme distincts des autres et groupés.

Camellia thompsoniana superba. Fleur grande, d'un rouge orangé; pétales très-régulièrement imbriqués, amples, arrondis.

— *tricolor* Siebold. Feuilles de 8 centim. de long sur 5 de large, ou même plus grande, ovales-lancéolées, à sommet aigu, recourbé, profondément nervées. Boutons ovés-oblongs, aigus, blanchâtres. Fleur grande, imbriquée, à fond blanc pur ou légèrement rosé, lignées de pourpre ou de rose, et cela quelquefois irrégulièrement; au centre quelques étamines.

— *triumphans.* Feuilles de 10 à 11 centim. sur 6 à 7 de large, ovales-arrondies, faiblement acuminées, fortement nervées, épaisses. Boutons arrondis, obtus, très-gros, jaunâtres. Fleur très-grande, très-pleine, irrégulière, d'un rouge cerise, nuancé de rose; pétales extérieurs très-grands, les intérieurs quelquefois striés de blanc.

— *triumphans alba.* Voyez *Imbricata alba.*

— *Vandesiana superba.* Feuilles semblables à celles du camellia suivant. Boutons oblongs-obtus, verdâtres. Fleur double, assez grande, d'un rouge orangé-foncé; pétales peu nombreux amples, étalés, entremêlés d'étamines stériles; ceux du centre petits, irréguliers.

— *Vandesia carnea.* Feuilles de 8 centim. de long sur 5 de large, ovales-lancéolées, d'un vert jaunâtre, Boutons très-gros, allongés, obtus, verdâtres. Fleur grande, pleine, d'un rouge cerise, ou d'un rose pâle; pétales de la circonférence quadri-sériés, amples, irrégulièrement imbriqués, étalés; les intérieurs nombreux, allongés, formant une touffe peu régulière.

— *victoria antwerpiensis* Moens. Feuilles de plus de 10 centim. de long sur 6 de large, ovales-lancéolées ou arrondies, acuminées. Boutons ovés-obtus, jaunâtres. Fleur grande, pleine, d'un beau blanc, striée rarement de rouge, très-régulièrement imbriquée, évasée.

— *virginica.* Feuilles petites, fortement nervées. Boutons oblongs, verts. Fleur moyenne, pleine, d'un rose tendre; pétales de la circonférence, bi-séries; les intérieurs petits, groupés.

— *virginica americana* Floy. Feuilles de 8 centim. de long sur 5 de large, ovales-oblongues, acuminées, épaisses, fortement nervées et dentées. Fleur grande, très-double, d'un rouge cerise, bien imbriquée.

Camellia Welbancksiana ou *heptangularis*. Feuilles de 8 cent. de long
sur 5 de large , ovales-lancéolées , subacuminées , réfléchies ,
légèrement dentées , quelques-unes elliptiques , d'un vert
jaunâtre. Boutons arrondis , noirâtres. Fleur grande, très-double. blanche, irrégulière ; pétales extérieurs amples, étalés ; les
suivants groupés et fasciculés de manière à imiter plusieurs
fleurs réunies ; les intérieurs petits, dressés, entremêlés d'étamines.

— *white-warrata*. Feuilles de près de 10 centim. de long sur 6 de
large, pleines , fortement acuminées, très-dentées. Boutons
ovés-obtus, verts. Fleur moyenne, d'un blanc pur, assez sem
blable à celle de l'ancien *C. warrata*.

— *woodsiana*. Feuilles de 8 centim. de long sur 5 de large , ovales⁻
lancéolées , acuminées , finement dentées. Boutons petits ,
verts. Fleur grande, semi-double , d'un rouge cerise.

— *Woodsii*. Feuilles de 11 centim. de long sur 5 de large, ovales–lan
céolées , acuminées , faiblement dentées. Boutons très-gros ,
oblongs, noirâtres. Fleur très-grande , pleine, rose ; pétales extérieurs peu nombreux, amples, bien imbriqués, les intérieurs
courts, égaux, formant une touffe régulière , déprimée de plus
de 3 centim. de diamètre.

— *Youngii*. Feuilles de 9 centim. de long sur 6 de large , ovales-
oblongues, acuminées, épaisses, fortement nervées et dentées.
Boutons gros, ovés-oblongs , noirâtres et blanchâtres . Fleur
grande, pleine , rouge cerise , quelquefois rose ; pétales extérieurs sériés , étalés, bien imbriqués, les intérieurs très-nombreux, petits, formant une touffe peu élevée.

APPENDICE.

La *fig.* 1re, ci-après, représente la coupe
d'une serre convenable à la culture des plantes
de serre froide. Elle est à deux pans et réunit
les conditions nécessaires pour obtenir toute la
lumière possible et pour placer bon nombre de
plantes sur les gradins. La même coupe peut
donner une idée d'une serre à un seul côté en
la supposant coupée au milieu, en l'élargissant,
selon ce que l'on aurait à y placer, et en allon-
geant le vitrage, ce qui ne permettrait pas de
l'incliner autant. Celle-ci, d'ailleurs, est très-
élevée, afin de pouvoir y placer de grands arbrisseaux. On peut, si l'on n'avait pas espoir d'y
placer de grands végétaux, baisser d'un ou
deux mètres la toiture.

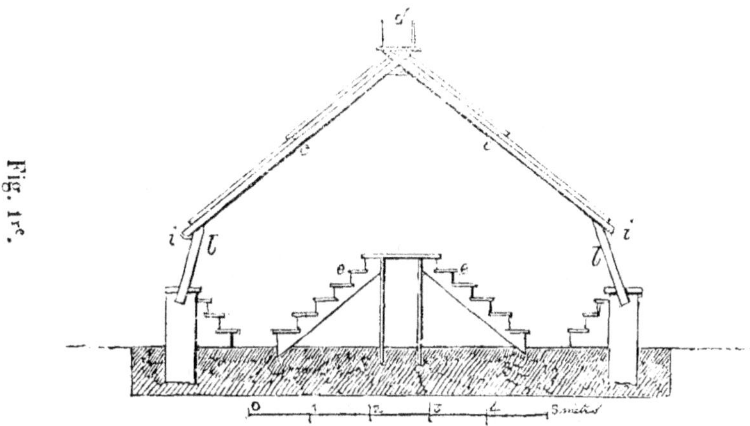

Fig. 1re.

En **A** sont les murs de soutient où sont scellés les poteaux *l* portant les arbalétriers *c* qui portent, eux-mêmes, les châssis vitrés. Au-dessus de la serre est pratiquée une petite galerie *d* à laquelle on parvient au moyen d'une échelle posée sur le pignon. On monte sur cette galerie pour placer les paillassons.

Si l'on construit la serre moins grande, et par conséquent moins élevée, on pourra faire le service d'en-bas et supprimer la petite galerie *d*.

Les gradins *e* seront plus ou moins larges et plus ou moins distancés les uns des autres, selon la grandeur des vases, ou caisses, que l'on aura à placer. Une largeur de 30 centimètres est suffisante, dans le plus grand nombre des cas, pour les tablettes, et la même mesure convient à l'espacement entre elles. Souvent 25 centimètres suffisent.

On a incliné les poteaux l afin de diminuer d'autant la partie supérieure du vitrage; dans ce cas il faudra placer en i de petites gouttières pour recevoir les eaux, dont la chute, sur les vitrages placés entre les poteaux b, refroidirait la serre. En tous cas, il est préférable de placer ces poteaux droits et d'allonger le vitrage.

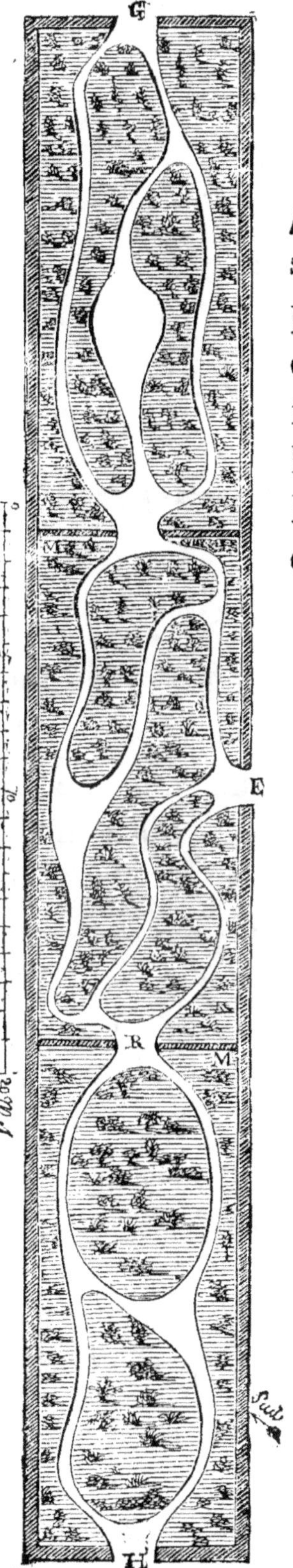

Le plan ci à côté, *fig*. 2, est celui d'une serre que l'on peut supposer à la température de l'orangerie ou serre froide dans toute sa longueur. Trois portes, E, G, H, lui donnent entrée.

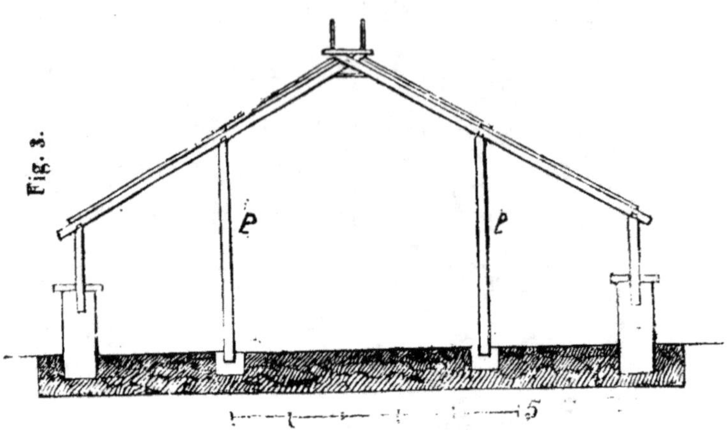

La *fig.* 3 en représente la coupe. Cette serre formant un *Jardin d'hiver* et étant destinée à recevoir les végétaux dans la pleine terre, on lui a supposé une assez grande largeur (que l'on peut réduire à volonté), et l'on a soutenu, en conséquence, les arbalétriers au moyen de deux poteaux ou colonnes.

Le plan est divisé en trois parties par les deux cloisons M. Ces trois divisions supposent : dans la première partie, où l'on entre par G, une *serre froide ;* dans la deuxième partie ensuite, une *serre tempérée* à la température de 8 degrés au plus bas, et enfin, on entrera par la porte R dans une *serre chaude.* On comprend que de cette manière on passera successive-

ment d'une température froide à une plus élevée, et enfin à la plus chaude.

Il existe dans beaucoup de lieux des serres à
ces trois températures réunies ensemble, mais
on a ordinairement placé la serre chaude au milieu, afin que, flanquée des deux autres, elle
soit moins sujette au refroidissement. Il est
juste de dire qu'il y a une économie effective
dans cet arrangement, mais elle est fort minime
et ne doit pas arrêter l'amateur qui veut jouir.

Au surplus, on aura l'attention de disposer
l'ensemble de manière que la serre chaude soit
placée du côté du sud, ce qui sera un bienfait
pour la serre froide à laquelle les rayons di-
rects du soleil ne sont pas nécessaires.

Les deux cloisons séparant les serres seront
établies en vitrage, à partir de 40 centimètres
du sol, de sorte que, si on a su ménager un
point de vue en plaçant les végétaux, on pourra
apercevoir, dès l'entrée par la porte de la serre
froide, en premier plan les *rhododendrum* et
les *camellia* dont le vert sombre fera ressortir
celui déjà plus tendre des plantes de la serre
tempérée ; et, au fond, l'effet pittoresque et
plus varié des palmiers et des bananiers.

Le chauffage de la serre froide, *fig.* **1**re,

pourra avoir lieu au moyen de deux poêles en brique, placés un peu au-dessous du niveau du sol, l'un à l'angle d'un des bouts de la serre et l'autre à l'autre extrémité et à l'angle opposé. Chacun des tuyaux sera en grès ou en fonte de fer, de 17 centimètres de diamètre, il parcourra tout un côté de la serre sous les tablettes et près du mur, posé, de distance en distance, sur une brique de champ. Ce tuyau ayant 17 centimètres n'aura pas besoin d'inclinaison pour faciliter le passage de la fumée. Il se rendra, à l'extrémité de la serre, dans une cheminée en briques assez élevée pour surmonter les constructions voisines, s'il en existait qui dussent amener le refluement de la fumée. Au bas de cette cheminée, près de l'embouchure du tuyau, on pratiquera un trou d'environ 10 centimètres carrés pour servir de *foyer d'appel*. Au moment où l'on sera près d'allumer le poêle on passera par le trou, qui sera au niveau du bas de la cheminée, une poignée de copeaux que l'on allumera. Ce feu échauffera la colonne d'air de la cheminée, en rendra l'air plus léger, et facilitera le tirage du poêle, surtout dans les moments où l'air est humide et pesant. Le trou sera fermé, aussitôt les copeaux brûlés, par une petite porte en tôle, bien close, ou mieux, et tout simplement, par un tampon de chiffons enveloppant de la mousse. L'ouverture du foyer du poêle sera toujours placée au dehors ou dans un petit cabinet, pour éviter la fumée dans la serre.

Nous avons vu pratiquer par **M.** Fion un autre moyen excellent, et le plus économique possible, de chauffer les serres froides.

On pratique sous le sol des chemins, un fossé de forme régulière de **20** centimètres en tous sens ; on le couvre de tuiles et ensuite de **3** centimètres de gravier ou de la terre du sol. Ce conduit, c'est le tuyau à fumée, qui part du poêle, et va se rendre dans la cheminée. Un tel conduit peut porter la fumée à **20** mètres, et plus. Il sera placé sous les chemins, soit que leur direction suive la ligne droite, soit qu'elle suive une ligne courbe ou angulaire.

La serre, dont le plan est indiqué par les *fig.* **2** et **3**, devra être chauffée par deux thermosiphons, placés tous deux à l'extrémité de la serre chaude. Trois tubes de **11** centimètres de diamètre, partant de chacune de ces chaudières, seront placés de chaque côté de la serre et le long des murs qui soutiennent le vitrage. Ils se continueront en retour de manière à revenir à la chaudière et à présenter, par conséquent, six tubes sur chaque mur, et douze tubes, en tout, pour le chauffage de la serre.

De l'extrémité de la serre, à l'endroit où les tubes retournent sur eux-mêmes pour revenir à la chaudière, partiront deux tubes pour chauffer la serre tempérée, leur retour en donnera donc deux qui feront quatre de chaque côté, en tout huit pour chauffer la serre tempérée.

Si l'on veut chauffer les trois serres avec le même système, et renoncer au chauffage que nous avons indiqué page 169, on suivra l'indication ci-après.

Sur les deux tubes de la serre tempérée sera embranché un tube (toujours de 11 centimètres) pour chauffer la serre froide, ce tube retournera sur lui-même et en donnera deux de chaque côté, en tout quatre pour la serre froide.

Mais comme les trois serres ne devront pas être chauffées, dans tous les moments, toutes ensemble, des robinets seront disposés à chaque embranchement de manière à pouvoir arrêter le chauffage où on ne jugera pas qu'il doive avoir lieu. En effet, la serre chaude peut être chauffée dix mois de l'année, la serre tempérée seulement huit ou neuf, tandis que la serre froide peut n'avoir pas besoin de plus d'un mois ou deux de chaleur artificielle, et encore, sans nécessité de lui en donner tous les jours. Cette dernière, le plus souvent, ne doit être chauffée que la nuit.

Avec un tel système de chauffage, et si on n'est pas obligé d'économiser cent ou deux cents francs de combustible dans l'année, on pourra éviter de couvrir les vitres de paillassons, ce qui est un fort grand embarras et un service coûteux par lui-même, tant par la dépense des paillassons que par les vitres qu'ils mettent hors de service. A la vérité on ne devra pas quitter les foyers avant minuit dans les grands froids, et il faudra revenir de bonne heure le matin donner ses soins. La masse d'eau que tous les tuyaux contiendront étant assez considérable, il faudra penser aussi à allumer les feux deux heures au moins avant d'en éprouver l'effet complet. A***,

Auteur de la Pratique de l'art de chauffer par le thermosiphon et autres appareils.

TABLE.

FIN.

PARIS.—IMPRIMERIE DE FAIN ET THUNOT ,
Rue Racine, 28, près de l'Odéon.